橋本晃和　マイク・モチヅキ
［共著］

［特別寄稿］高良倉吉

沖縄ソリューション

OKINAWA SOLUTION

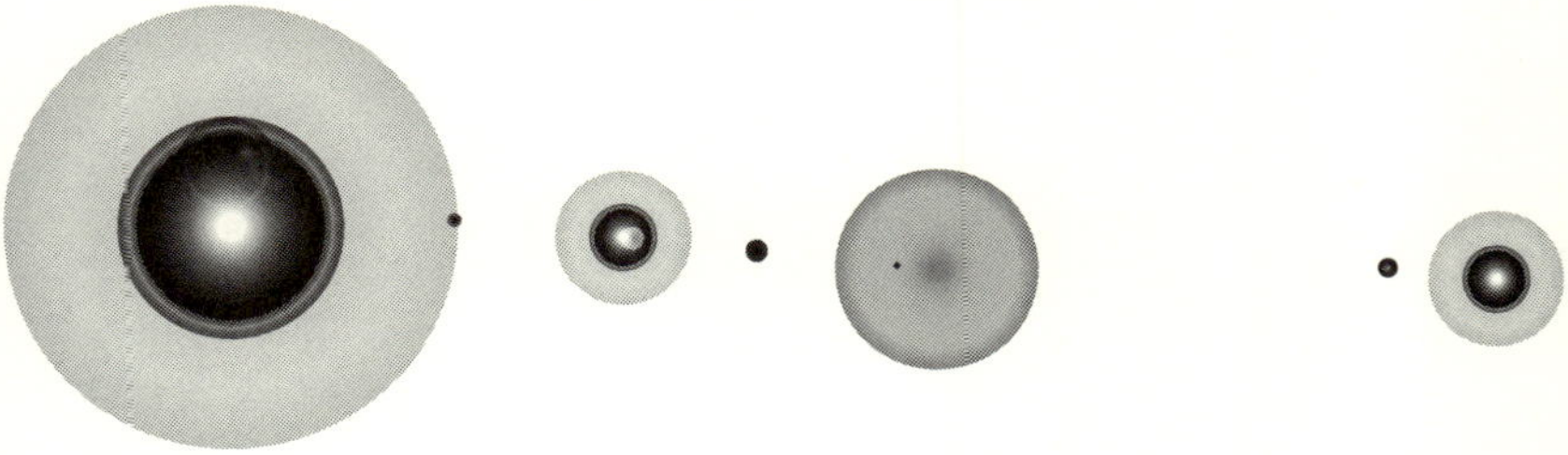

「普天間」を終わらせるために

桜美林学園出版部

はじめに

Mike Mochizuki
マイク・モチヅキ

橋本晃和教授と私が、普天間の海兵隊基地（MCAS: Marine Corps Air Station）問題に関して共同研究を始めたのは今から20年前である。普天間基地を閉鎖するために普天間基地の機能をどこに移設すればよいのかはいまだに解決されないままである。ここまで議論が長引くとは思いもよらなかった。

１９９６年のＳＡＣＯ（Special Action Committee on Okinawa：沖縄に関する特別行動委員会）合意で5年から7年以内に普天間基地が日本に返還されると宣言した。その目標を掲げてから早くも18年が過ぎ去ってしまっている。

普天間代替施設（FRF: Futenma Replacement Facility）の建設が、日米で取り決められた２０２２年までというタイムテーブルに従って完成されたとしても、人口過密な都市のど真ん中に軍事基地を機能させることの危険性はこれからもさらに7年も続くことになる。普天間施設の移設に対する猛烈な反対がある中では、この新しい施設の完成はさらに時間を要するであろうし、普天間基地近くの住民への危険が引き続き懸念されることになる。

事の始まり

1996年から20年近くたった現在、橋本教授と私が沖縄基地問題（Okinawa Base Issue）についてどのように一緒に仕事を始めたかを、この本の読者に対してお話しすることは、時宜を得たものとなるであろう。

私が初めて沖縄を訪れたのは1982年であるが、あのひどいレイプ事件がおこるまでは、私は沖縄における米国の基地問題についてはあまり勉強していなかった。私はあの憎むべき暴力に大変なショックを受けた。

そこで、友人でありブルッキングス研究所の仲間であるマイケル・オハンロン（Michael O'Hanlon）氏と私は、米海兵隊総司令官をしていたクルラック将軍と一緒に昼食を共にした。私たちは彼にレイプ事件及びその影響についていくつかの質問をした。驚いたことに、海兵隊の最高位にある彼がこの悲惨な出来事によってアジア太平洋地域における海兵隊編成の再検討が早まるであろうと述べたことである。沖縄に集中した駐屯軍としてよりも遠征部隊の役割に関してさらに考え直すべきであるとも発言したのである。

この地域における安全保障のあるべき方向が南方地域に向けられ、この南方地域へのシフトによって、オーストラリア・ダーウィンのような場所に海兵隊を展開するほうがよいと強調した。当時、この予想もしない彼の回答がオハンロン氏をして日本の他の地域と同様に沖縄での海兵隊の能力をもっと真剣に吟味すべきだということになった。

海兵隊と戦闘装備を運ぶ水陸両用船が佐世保に配属されており、一度にせいぜい2000人の隊員しか移動させることができない数であることを初めて知った。そこでオハンロン氏は、非常時には事がおこりそうな地域の近くに事前集積船を配備することがより効果的・効率的であり、アメリカ大陸をも含む他の場所からも事前集積船で接合することができるという考えを述べた。言い換えれば、沖縄に1万8000人もの海兵隊を常時駐留させる必要はないということであった。

そこで私たちは、沖縄に駐留している海兵隊の数は、日米の防衛協力体制がより強靭《きょうじん》なものである限り、日本が基地へのアクセスを提供し、危機の時には兵站《へいたん》支援ができるように抑止力を弱体化させないで、沖縄の海兵隊の数を劇的に減少することができるであろうと考えた。

新聞投稿とその反響

さっそく投稿記事を試みたが、最初は大変な困難を極めた。ニューヨーク・タイムズやワシントン・ポストをはじめ米国の主要な新聞は我々の小論文を拒絶した。

小論文の投稿先を探している間に、駐ワシントンの時事通信の記者が興味を示し、われわれの記事の要約を快く取り上げてくれた。

それが、日本の地方紙に掲載されることになった。当時の大田昌秀沖縄県知事はこの記事に注目した。しばらくして、ワシントン・タイムズは新聞編集者によってつけられた〝私たちは沖縄を必要としない（We Don't Need Okinawa）〟という扇情的で誤解を招くタイトルで1995年12月27日掲載した。

ワシントン・タイムズは、主要な新聞ではないけれど、米国の防衛政策の関係者全般に渡って、毎朝届けられるペンタゴンの〝アーリーバード（Early Bird News）〟に、この記事が含まれていた。この短い記事が多くの関心をもたらしたことにわれわれは喜び驚いた。

オハンロン氏と私が沖縄海兵隊に関する提言を書いている間、私はUSIA（The US Information Agency）から東京、大阪、福岡、沖縄での日米安全保障をテーマとする講演旅行に招待された。私は2つの理由から喜んで受けた。

第一は、リチャード・アーミテージ氏がこの旅行に参加し、共和党、民主党の視点でそれぞれ話し合う機会が織り込まれていたからだ。私は政策提言者としてアーミテージ氏を尊敬しており、そして人口過密地域という危険な場所にある普天間基地は閉鎖される必要があるという彼の意見に感銘を受けていた。第二は、USIAが、再び私に沖縄を訪れる機会を与え、政治的状況を直に見ることができることになったからである。

今につながる人々との「出会い」

沖縄の海兵隊基地を減少させるというオハンロン氏と私の提言は、日本と米国において注目を浴びるようになったが、残念なことにUSIAは、講演旅行のプランを変更することを伝えてきた。

第一に、アーミテージ氏がスケジュールの都合で不参加になった。第二にUSIAは日米安全保障に関する講演プログラムについて、非常に不安定なものがあるという政治的状況の理由で、沖縄へ派遣することを取りやめてしまった。

この不満を友人である橋本教授に国際電話でありのまま伝えた。橋本教授とは南カリフォルニア大学で、彼が客員研究員であった時に初めて出会い、今日まで親しくご交誼をいただいている。日本の投票行動や民意についての研究の日本の第一人者である彼に私は深い敬意を抱いていた。

私の不満を聞いて、彼は沖縄に親しい知人がおり、私の沖縄訪問を歓迎し招待すると申し出てくれた。

そこで、私は福岡でのＵＳＩＡの講演を終えた後、那覇へ行くことを決意した。橋本教授の沖縄の友人というのは、当時沖縄電力社長の仲井眞弘多氏であった。１９９６年1月中旬に、東京で講演旅行をスタートさせた。米国大使館では、私に対して親切ながらも警戒の目で挨拶をした。そこで、私は沖縄に関する私の考え方を伝え、講演の中でもこの問題についても述べることにした。その時、私の長い間の友人であるエドワード・リンカーン博士は、駐日米国大使の特別補佐官として働いていた。

彼は、ウォルター・モンデール大使が私に会いたがっていると述べた。大使とリンカーン博士と個人的にお会いしている間、モンデール大使は、大使館はあなたが沖縄に行くことを非常に心配しているけれど、私は非常に喜んでいると言ってくれた。沖縄での状況をできる限り把握し、東京に戻り次第私に教えてほしいと頼まれた。

沖縄での滞在中、仲井眞氏に初めてお会いした。彼は沖縄電力のヘリコプターを用意してくれて、普天間を含む米軍基地がどこにあるかをつぶさに見せてくれるよう取り計らってくれた。この時、大田知事と2度会う機会を得、米軍の基地があまりにも過重負担をもたらしていること、戦後沖縄の歴史を彼から教わった。

当時琉球大学に奉職していた高良倉吉教授が、日曜日、丸一日かけて、沖縄をドライブで親切に案内してくれた。高良教授と初めて会ったのは、1995年国務省の国際訪問プログラムの一環で彼がブルッキングス研究所を訪問した時である。真夜中まで続いたドライブツアーのあいだ彼と、沖縄における米国基地の存在ということだけでなく、琉球列島の歴史までも議論を重ねた。それは沖縄の魅惑的な歴史を著名な学者から個人指導してもらうという貴重な機会を得ることとなった。

橋本教授と同様に高良教授、仲井眞氏と幅広いネットワークを通じて、職業上の様々なバックグラウンドを持つ政治的領域を超えた多くの沖縄の人々に会うことができたのである。

歴史的証言

東京に戻り、私はモンデール大使とリンカーン博士にお会いし、沖縄県民は米国に肯定的な見方をしていると報告した。しかし、米軍の駐留が日本全体の安全保障の利益に大きく貢献しているとしても、米軍基地による負担は過重で不公平であるとすべての人々が信じていた。沖縄の人たちが持つ、最も強い要求は普天間基地の即時返還であることに変わりはないことを告げた。モンデール大使は、強い同意を示した。

橋本教授が大学院で直接指導を受けた、慶応義塾大学塾長であり橋本龍太郎首相（当時）の最も信頼する助言者である石川忠雄先生に橋本教授の紹介により3人で会うことができた。そこで、私たちは橋本首相が普天間返還について、ビル・クリントンに直接話をするのが一番良いと石川先生に進言した。

石川先生は、このメッセージを信じてくれて橋本首相にそのまま伝えた。

橋本首相は1996年2月23日カリフォルニアのサンタモニカでクリントン大統領との会談のときに、大統領からの助け舟を得て、意を決して普天間返還を初めて切り出した（詳しくは、第1章の注2「小歴史」参照）。

「沖縄クエスチョン」から「沖縄ソリューション」へ

しかしながら、普天間返還の進展がないという状況が橋本教授と私、高良教授とともに「沖縄クエスチョン」と銘打った日米の二国間のプロジェクト始動に駆り立てることになった。一般財団法人南西地域産業活性化センターの後援で、2003年このプロジェクトは開始された。橋本教授が、「沖縄クエスチョン」の活動業績をこの本の中で要約している。

今までも多くの日本人や米国人の安全保障の専門家は、沖縄基地問題を小さなこと、あるいは「私の裏庭でなければよい（NIMBY）」（自分の住んでいる地域でなければよい）と考えている。

この考えから今までほとんど一歩も進展することがなかった。戦略的な観点から言えば、「沖縄」は安全保障の節点にある。いま議論されている尖閣諸島は、沖縄県の一部であり、琉球諸島は東シナ海と太平洋の間の出入り口にある。嘉手納基地は、太平洋地域で最も大きい米空軍基地である。しかし、沖縄における米国基地は、激しい軍事的対立の中でミサイル攻撃を受けやすい弱点を持っていることに変わりはない。〝沖縄クエスチョン〟、即ち沖縄が「問」われていることは単なる安全保障問題よりもっと含蓄のあるものである。

地理的優位や豊かな伝統文化、ユニークな歴史を踏まえて沖縄は環境に優しく、維持可能な発展を遂げることができる中心的な地位を占めることもできる。そのことが地域的な経済統合及び社会文化の交流を深め東アジアにおける歴史的和解を促進することもできる位置にある。沖縄がアジア・太平洋地域の平和と繁栄への貢献者として、その潜在能力をフルに発揮することができるように私たちはこの書を〝沖縄ソリューション〟として世に問うことにした。

辺野古に海兵隊基地を作るための埋立て工事に反対をするという綱領を掲げて、翁長雄志氏は、２０１４年11月新沖縄県知事に当選した。この書が刊行される段階になって、翁長知事は大浦湾に新しい基地を建設するという政府の埋立て申請に対する前仲井眞県知事の承認を取消すという憶測が広がっている。

翁長知事がいかなる決定を下そうとも、沖縄と日本政府の間の衝突は長引きそうである。私たちがこの書で提案している解決案が、日本の安全保障を維持し、日米同盟を強化する一方で沖縄の人々が受け入れられやすいように普天間基地問題の解決に寄与することができると期待している。

2015年6月　ワシントンDC

OKINAWA

もくじ＊沖縄ソリューション OKINAWA SOLUTION 「普天間」を終わらせるために

SOLUTION

II部　あなたは「沖縄の人《ウチナーンチュ》」を知っていますか

III部　あなたは「普天間」を知っていますか

序章　県内移設は「差別」か？

橋本晃和

「それは『差別』（Discrimination）ではないですか！」

一人の女子留学生が目の前のケビン・メア（Kevin Maher）沖縄総領事に言い放った。引率者の私のほうがドキッとして会場の参加者（政策研究大学院大学の学生18名、副総領事、地元有識者など）の顔を見渡した。

ところが学生たちはこの発言に誰も異論を挟まない。それどころか、彼女の発言に続いて、やはり別の女子留学生が「あの美しい海を埋め立て、新しい基地を建設することは、アジア諸国との『関係』を悪くするのではないですか！」（ちなみに学生参加者の男女別を見れば、女子はベトナム、インドネシア、ミャンマー、中国、マレーシア、カザフスタンの8名）。

この光景は、1999年より沖縄の協力を得て私が奉職していた政策研究大学院大学の私の研究室が企画・実施してきた「沖縄フィールドトリップ」の那覇市内の会場（2007年8月

6日）での一場面である。冒頭に総領事が、米国と沖縄との「関係」がいかにうまくいっているかを説明し、さらに「米軍の駐留基地は地元に歓迎され、日本やアジア諸国の安全保障に大きく寄与してきた。従って、今後も引き続き現在の基地を維持していきたい」との発言を受けて、冒頭の発言がなされた。

学生たちが事前に沖縄の歴史やレイプ事件やヘリコプター墜落などの事実を知っていたことは言うまでもない。総領事はその後も学生たちとの討論の受け答えを淡々とこなし、微笑さえ浮かべて終了したのを今でも強く印象に残っている。

この時、私の脳裏に焼き付いた言葉が「差別的意識」と「関係」である。

二つの「個」や集団（ここでは沖縄と本土）の間に「関係」が先にあって、「差別的意識」がおこるのではない。両者のどちらかが「差別」的な感情を持つに至ったとき初めて両者の「関係」が生まれ、沖縄―本土「関係」が機能する。

「差別的意識」の感情が民意となったのが、現在の沖縄の人たちの強い「辺野古埋立ての新基地建設の反対」である。「『普天間の閉鎖・撤去』という沖縄側の要求に対し、政府は『県内移設』から動けずにいる。この関係が変わらない限り『普天間』は終わらない」（毎日新聞政治部著『琉球の星条旗――普天間は終わらない』講談社、２０１２年12月、プロローグの上野央絵現政治部副部長の記述より。傍点は筆者）

2年半を経過した現在も基本構図は変わらない。ただし、引用文の〈沖縄側〉を〈沖縄県民側〉に差替えなければならない。その理由は、2013年12月27日〈沖縄側〉仲井眞弘多知事(当時)が突如「辺野古」埋立て反対の方針を撤回して、賛成・容認へと舵を切ったからである。〈沖縄側〉と〈政府側〉(日本)との「関係」の歴史は長い。琉球王国(1429―1879)の時代から数えても580年が過ぎた。この事実を踏まえたうえで、本稿は第2次世界大戦後(1945~)特に普天間基地問題が動き出した1995年以降の「民意」の動向に焦点を絞って分析している。ここで言う「民意」とは沖縄県民意識である。「民意」の動向に焦点を絞ってとは、沖縄の人たちの「民意」と日本・米国の両政府との「関係」を論じる視点に立つことである。一方の側の感情に流されずに、「関係」のあり方を客観的に分析することは容易ではない。

しかし、現在の「関係」の構図が続く限り、「差別的意識」は消えず、日米両政府の「関係」がやがて悪化することになる。それでは、周囲の強い反対を押し切って、「普天間」返還決定という歴史的扉を開いた(1996年2月23日　米国サンタモニカの会談)橋本龍太郎元首相、ビル・クリントン元大統領に報いることにならない。

冒頭に留学生が発言した「差別的意識」の根源は沖縄への今もっとも真剣に沖縄県民側が本土の人たちや政府側に「問」い続けている(「沖縄クエスチョン」)ことであり、これから述べる「不自由・不平等・不公正」に対する「問」いである。この「差別的意識」の根源を断ち切ることこそ「普天間」が終わる日である。しかし、現実には「普天間」を終わらせることは容易でない。主体性と尊厳に目覚めた21世紀の「沖縄アイデンティティ」の覚醒は、経済（沖縄振興策）と政治（辺野古新基地）をリンクさせる方法がもはや沖縄県民意の「同意」を得る有効な手段でなくなったことを知るべきだ。

冒頭の留学生の「差別ではないですか」という発言以上にあっと驚いた発言がある。「(引き続き）沖縄が負担しろとは日本の国の政治の堕落ではないのか」（翁長《おなが》雄志知事が就任後初めて行った菅義偉官房長官と会談の中での知事発言。2015年4月5日）

この発言は「差別ではないですか」という意味以上の内容が込められていると思ったのは私だけであろうか。（第3章　3.「かみ合わぬ『関係』の構図」を参照）。

しかも、辺野古移設工事の完了に少なくともあと9年半はかかる。この間、普天間を現状のまま安全に使用することができるのだろうか。今、何をなすことができるのか。今、なすべきは目に見える処方箋である（本文参照）。この処方箋を実行して初めて「普天間」を終わらせる道筋・アプローチが見えてくると思われる。

本稿では、この処方箋を5年以内の期間と捉えて述べている。この後に提示されている後半の「橋本プロポーザル」は、10年の期間と捉えた現時点での個人的ロードマップ案である。と

2007年8月6日沖縄フィールドトリップ講演及びディスカッション後、政策研究大学院大学の留学生との記念撮影。下段中央が筆者とメア総領事（於：那覇市内ホテル）

いうのは東アジア、南西地域等の安全保障のリバランス政策は大きく変動する可能性があるからである。

今、現実的により重要な処方箋は、そこにある危機の現状を虚心坦懐《たんかい》に見つめ直し、アジア・太平洋における安全保障のリバランス政策を展開してゆくことであろう。

OKINAWA

Ⅰ部
あなたは「沖縄」を知っていますか

SOLUTION

第1章　沖縄県民意の変遷と変容

橋本晃和

第1章は、第2次世界大戦の終了以降の沖縄の歴史、中でも米軍基地の駐留に対する沖縄県民と米国・日本との間の70年に及ぶ闘争の歴史を考察する。以下今日までの歴史を民意の視点に立って第1期から第3期までの時期に分けて考察することにする。

第1期（1945〜95）の前半は、1945年に占領された沖縄が、72年の日本復帰・戦後初の保守県政の成立（1978）までを考察する。それに続く第1期の後半は、95年の小学生レイプ事件に至るまでの様々な差別と負担を沖縄県民に強いた事実を考察する。

その上で第2期（1996〜2004）は、レイプ事件をきっかけとして、翌年の1996年4月15日、普天間基地の返還を決めた「沖縄に関する特別行動委員会（SACO、1995年11月に設置）中間報告の合意〔資料3の①〕から辺野古移設（新設）を実現しようとする日米両政府に対し、あくまでも県民は普天間基地の返還を求めて日米両政府と沖縄県民の闘争の歴史を検証する。この第2期はいわば第3期への過渡期として位置づけられる。なぜならば沖縄基地の「全面撤去」や「整理縮小」の民意の流れがさらに大きく動いて2005年以降、「県外・国外」への主張をし始めるまでの分水嶺の時期となるからである。

第3期（2005〜）は普天間基地に隣接する沖縄国際大学へ普天間のヘリコプターが墜落（2004）したのをきっかけとして、2005年以降、もはや普天間基地の県内移設では納得せず、県外・国外への民意が醸成され膨張していく過程である。日米安全保障協議委員会(SCC: Japan-United States Security Consultative Committee、通称「2＋2」）は在日米軍の兵力構成の見直しに向けて協議した（2005年10月29日、日米同盟：未来のための変革と再編）。

このとき初めて「双方は、普天間飛行場代替施設は、普天間飛行場に現在駐機する回転翼機が、日常的に活動をともにする他の組織の近くに位置するよう、沖縄県内に設けられなければならないと結論付け」、皮肉なことに、民意の方向が「県外・国外」へと向きが変わっていったのとは対照的なものとなったことであろう。

さらに、「双方は、キャンプ・シュワブの海岸線の区域とこれに近接する大浦湾の水域を結ぶL字型に普天間代替施設を設置する」と代替施設の地域が初めて明記された。

それでも「沖縄住民が米海兵隊普天間飛行場の早期返還を強く要望し、いかなる普天間飛行場代替施設であっても沖縄県外での設置を希望していることを念頭に置きつつ」と書かれていることは注目してよい。

さらに再編実施のための日米ロードマップ（２００６年５月１日）において「普天間飛行場代替施設を辺野古岬とこれに隣接する大浦湾と辺野古湾の水域を結ぶ形で設置し、Ｖ字型に配置される……」ことを明記してほぼ現在に至っている。

稲嶺県政（１９９８〜２００６）は、大田革新政権からバトンタッチを受けて、保守系知事として、県経済の振興と基地の過重負担の軽減・普天間基地の15年使用期限などを訴えて、普天間の移設に努力した。その後を受けた仲井眞県政（２００６〜２０１４）は、第１期目は、条件付き辺野古移設に賛成して当選を果たしたが、２期目（２０１０〜２０１４）は一転して「県外・国外移設」を公約として当選した。「県外・国外」移設への民意が主流となった変化に対応したのである。ところが、２０１３年12月27日に辺野古への新基地建設のための海域の埋立てに合意して、第３期目の知事選（２０１４年11月16日）に立候補したが、埋立て反対を主張した翁長雄志前那覇市長に敗れた。翁長新知事は、「経済発展のために基地と取引しない」（２０１５年３月）というウチナーンチュの強い意志が辺野古埋立ての承認取り消しへと駆り立て、「辺野古移設が唯一の解決策である」と主張する政府側と対立する構図となって現在に至っている（２０１５年６月現在）。

1　第1期（1945〜95）

▽敗戦（1945）から沖縄本土復帰（1972）・戦後初の保守県政の成立（1978）を経てレイプ事件（1995）まで

軍事占領と民主化の遅れ

多くの沖縄の人たちは、今日も自分たちは本土から置いてきぼりにされたという感情を抱いている。このことについては後の民意調査によって検証していく。私たち自身が沖縄の人たちが根源的に抱く感情を理解するには、第2次世界大戦後の沖縄の真実の「歴史」を知らなければならない。

翻ってみれば、米国は第2次世界大戦中から大戦後の冷戦時代の幕開けを予測して、沖縄を対ソ・中の非常に重要な先端基地とすることを計画していた。

米軍による沖縄占領政策は、日本の敗戦（1945・8）より数か月早く始まった。

1949年以降、米国の占領政策は、アジア大陸の膨張する共産主義の脅威に対抗するために対日政策の基本路線を「民主化」から「復興」へと転換していったことはよく知られている。しかしながら、占領下の沖縄はその後も「民主化」されず、県民は民主主義の恩恵を十分に享受することはできなかった。「不平等・不公正」な日米地位協定がいまだに温存されているのは典型的な実例といえる。

さらに、1952年4月28日、サンフランシスコ平和条約が発効され、本土は独立国としての主権を回復したのに対し、沖縄・奄美・小笠原は日本から切り離され米軍の施政権下に置かれた。この日から1972年5月15日に沖縄が日本に返還されるまで沖縄は日本ではなくなったのである。

ここで、米軍基地が維持されなければならないため、沖縄に過重負担を強いた結果、戦後沖縄の民主化の遅れとなって今日の状況を招いていることを指摘しておかなければいけない。民主化の遅れとは具体的に次のような歴史的事実を指している。

第2次世界大戦の敗戦によって米国の占領下におかれた沖縄において、立法（立法院）、行政（行政主席）、司法（裁判所）の三権分立による民主化政策は、実質的には何ら行われず、沖縄の人々の人権は無視されたままであった。

住民土地を強制接収

その代表的具体例を挙げてみよう。米国政府は、1953年に「土地収用令」を公布し、その後無理やりに住民の土地を強制的に接収していったことが挙げられる。家ごと「銃剣とブルドーザー」によって農民や個人の土地を奪っていったのである。まさに「自由」が、はく奪され「不自由」な環境におかれたのである。

今、問題となっている普天間基地がなぜ基地の中に街があるといわれるのか。元々、住んでいた住民の土地を強制的に接収して、普天間基地が作られたからである。

「米軍にとって沖縄は極東の軍事基地としてもっとも重要な地域である」とアメリカ議会に報告されたプライス勧告（1956）後、軍事基地として使用するために沖縄の土地は、どんどん奪われていくことになる。以降、本土とは違った沖縄特有の政治の対立図式ができ上がっていく。即ち、一方は、米軍基地の使用を認めて、政府が住民の土地を借用してその代金を住民が受け取るという、生活をするためには日米両政府の方針に従うという立場である。もう一方は、あくまでも米軍支配からの脱却をめざすという立場である。前者が保守派、後者が革新派となって沖縄の政治を二分化し、今日までの沖縄政治対立の基本的構図を形成したのである。

米軍駐留下の相次ぐ惨事

この間も、米兵による婦女暴行事件、被害者の人権を無視した交通事故の裁判、ジェット機の墜落、実弾演習による自然環境の破壊、騒音被害など後を絶たなかった。いずれも民主主義の根幹たる三権分立は実質的に機能しなかった。

沖縄住民が民族主権を要求して、祖国復帰運動へと展開していったのも自然の成り行きである。安保改定がなされた1960年4月28日には、「沖縄県祖国復帰協議会」（復帰協）が結成され、「祖国復帰」を望む県民の願いは次第に大きくなっていく。68年には、初の主席選挙が行われ、革新共闘の屋良朝苗が基地の「即時、無条件、全面返還」を主張して保守の西銘順治を破って当選を果たした。

基地の膨張・固定化とコザ暴動

この間に、日本本土の米軍基地は4分の1に減少したが、沖縄基地は逆に2倍近くに膨れ上がった。現在の海兵隊も本土（山梨、岐阜）から沖縄に移設・集中され、普天間基地は海兵隊基地としてより強固なものとなる。

一方、日本本土は、敗戦の傷跡から立ち上がり、60年安保改定以降、国民は高度経済成長路線の恩恵に与ることができた。

これに対し、沖縄は極端な基地依存経済を余儀なくされ続けた、経済発展においても本土との決定的な〝遅れ〟が今日まで尾を引くことになった。なかでも、コザ市（現沖縄市）は、米軍嘉手納飛行場と陸軍キャンプを抱え、米軍人・軍属による殺人・強盗・強姦などの凶悪犯罪を始め様々な悲惨な事件が引き起こされた。住民とのトラブルも後を絶たなかった。

その頂点となる騒動が1970年12月20日未明に起きた。いわゆる「コザ暴動」（Koza Riot）である。この事件は、米兵が日本人を轢《ひ》いて、けがを負わせることから始まった。日頃から米兵が米国では有罪となるような事件を起こしても常に無罪判決が繰り返されていたからである。多くの米人車両が焼き討ちに遭い、地元の群集５００人が暴徒と化した。

沖縄の本土復帰の期待外れ

その時、すでに佐藤・ニクソン共同声明で日米両国は、沖縄の「核抜き・本土並み・72年返還」が合意されていた（１９６９年11月21日）。70年のコザ暴動が、72年の本土復帰に当時の沖縄県民の不満意識が反映されていたとは思えない。

朝日新聞社が行った調査によれば、復帰後1周年（１９７3年5月15日）をどんな気持ちで迎えたのかの問いに、62％の県民は「期待外れ」と答えている。

１９７2年の本土復帰は、県民の熱い期待の中で達成された。しかし、県民の期待とは裏腹にその内容は、米軍基地を県内に維持したままの「核抜き・本土並み」と非核三原則の拡大解釈によるものだった。

沖縄県民側からの視点に立ってみれば、基地経済による潤いがあるとはいえ、住民の危険性、騒音被害、環境破壊は日米安保条約の下で放置され続けた。この間、本土の人々は沖縄の現実に背を向け自分たちの日常の平和と安全は沖縄基地があってのことだという認識が欠如していたに等しい。

復帰後初の保守県政の誕生

復帰後に実施された県知事選挙でも、引き続き革新の屋良朝苗氏が選出された。しかし、経済不況による失業問題、一向に改善しない基地状況に業を煮やした沖縄県民は、1978年の選挙で衆議院議員（自民党）の西銘順治氏を当選させ、復帰後初の保守県政（1978～90）を誕生させた。第1期後半の始まりである（1978年）。

経済不況に苦しむ県民は、中央政府と直結した保守派知事を選出することによって、本土からの企業誘致と地域開発に期待をかけたのである。大型プロジェクト主導の地域開発は、沖縄国際センター建設（1985年）、県立芸術大学開校（86年）、世界のウチナーンチュ大会開催（90年）などにみられるように一定の成果を収めた。その一方で、企業誘致は成果をあげたとはいいがたく、財政依存型の経済構造は改善されなかった。こうした中で、1990年の選挙で再び革新候補の大田昌秀知事が誕生することになる。基地の整理縮小が大田県政の最大の行政課題であった。しかし、米軍による実弾砲撃演習、軍事訓練による自然環境の破壊や相変わらずの米軍人等による事件・事故が多発した。

図１　［問］在沖米軍基地について「整理縮小すべきか、全面撤去すべきか」

出典：琉球新報・本土復帰後の沖縄県民調査（5年ごとの電話によるRDD方式の世論調査／サンプル数1500人）

―以下の調査結果で電話世論調査とあるのはすべてRDD方式による調査方法である。RDD方式とは、Random Digit Dialingの略で、コンピュータで無作為に発生させた電話番号に電話をかけ、応答した相手に調査を行う方式のこと

※1「全面撤去」の表現は、原文のまま。「全面縮小」は、調査年によって問い方の表現が異なっており、統一して「整理縮小」と表現した。「撤去」とは、基地を沖縄から全面的になくすことを意味している。

※2 全面撤去と対で「整理縮小」という場合は、県外（国内）移設及び国外移設を意味する。

※3 2010年以降をグラフ化していないのは、民意の地殻変動により質問の設定が大きく変わったことによる。

女子小学生レイプ事件の発生

こうした中、1995年9月4日、3人の米兵による12歳の女子小学生レイプ事件が起こった。県民の怒りと不満は頂点に達し、「日米地位協定の見直しと基地の整理縮小」を求めて島ぐるみの運動となった。さらに、自分の土地を米軍に提供することを嫌がる地主に対し、日本政府は強制使用を認めた。

日本政府は、沖縄県知事に代理署名を求め、土地の提供を迫ったが、大田知事はこれを拒否した。「日米地位協定の見直しと基地の整理縮小」を政府に求め続けた。

第1期の民意の変遷について、「全面撤去」か「整理縮小」かのあえて二者択一の質問をしてみると、第1期の前半（1945〜78）は「わからない」や未回答が多い中で、「全面撤去」派が「整理縮小」派を上回っていた。復帰後の第1ステージ後半（1978〜95）は両者が拮抗することになる（図1参照）。

「沖縄クエスチョン」の第1回会合は2003年10月21日〜22日、財団法人日本国際問題研究所（現公益財団法人／当時：佐藤行雄元国連大使理事長）でワークショップとして開催された。

その時の基調講演者をお願いし、引き受けてくれた方が橋本龍太郎元首相（当時）であった（基調講演録は、沖縄クエスチョン2004英語版『沖縄の回想』に収録）。[注1]

現在も実現していない「普天間移設」の返還をはじめて決定したのは、日本側は橋本龍太郎、米国側はビル・クリントンの両首脳であったことは「はじめに」で既に述べた。

当日、ワークショップに参加していた記者席から漏れてきた言葉は、「橋本総理番をやっていたけれど、こんな素晴らしい話は初めて聞かせてもらった」であった。

以下、当日、私のメモしたノートを読み返してみた（「」の発言はすべて橋本元首相、（）は筆者が記す）。

「第2次世界大戦での沖縄県で、かわいがってもらった年上のいとこが南西諸島方面で行方不明という戦死公報をもらいました。母からゲンザブロウ兄さんが亡くなった南西諸島というのは、つまりこの沖縄のことなんだと教えられ、どちらかというと沖縄より南西諸島という言い方のほうが先だったように思います」

「……その時期（1995年）に、あの有名な少女暴行の事件が起き、久方ぶりに沖縄と本土政府、在日米軍との内に緊張関係が露出したと申し上げてよかったと思います」

「サンタモニカで初めてクリントン大統領に首脳同士としてお目にかかる前、どうしても私が会いたかったのは、当時の沖縄県知事の大田さんでした。……私と考え方、立場は違いましたが、あの時、大田さんは非常に率直に本音で接してくださったと思っています」

「大田さんは……普天間基地の危険ということに絞り込んで、その普天間基地の移転というものが、

橋本元首相「沖縄の回想」

毎日の事故などを心配する場合にどうしても必要なんだということを本当に力説されました」

「ビル・クリントンという男、非常に真剣にその話を聞いてくれたということをとても嬉しく感じました。そしてこの人なら、違った角度の話もできる。そう思ったことを今でも鮮明に記憶しております。そして、同時に彼とならその日米安保体制というものをもう一度根底から見直す……そんな期待を持つようになりました」

2003年10月21日、22日に開催された「沖縄クエスチョン2004」ワークショップでの一コマ—橋本元首相をお呼びし、基調講演をいただいた。右は筆者（於：日本国際問題研究所会議室）

「今、その意味では、私が日米安保共同宣言をクリントンとの間に発表できたことが、政治家として、私自身がした、あるいは評価していただける仕事の一つかもしれない、今そんな感じでこれを振り返っています」

序章で述べた「関係」論の立場で述べれば、「橋本—クリントン」関係の前に、実は「橋本—大田」関係があり、橋本元首相の普天間返還の決定に大きなインパクトを持っていたことがわかる。

「（戦争が始まった翌年の）昭和17年の春には、アメリカの国務省の中で、日本の統治計画、戦後の計画というものに着手している……戦略的な価値というものをアメリカがよく知っていた」。

「私は今は、この会合の中から本当にいい結論が、そして両国政府に対する良い助言がでてくることを本当に願います」（2003年10月21日発言のママ）。

2　第2期（過渡期：1996〜2004）

▽SACO合意（1996）から普天間のヘリコプターの沖縄国際大学への墜落（2004）

普天間返還合意の決定（1996）と基地「整理縮小」派の増大

レイプ事件に端を発して、1995年11月沖縄における施設及び区域に関する特別行動委員会（SACO）が設置された、翌年の96年4月日米安全保障協議委員会（SCC）が開かれ、橋本首相と駐日大使であったウォルター・モンデールとの間で「普天間基地の移設条件返還」が合意され、[注2]同年12月2日、日米両政府は「今後5〜7年以内に十分な代替施設が完成し運用可能となった後、普天間飛行場を返還する」（「SACO最終報告（仮訳）」）ことに最終合意した。

SACO合意は、在沖米軍基地に対する沖縄県民の感情を変える歴史上特筆される大きな節目となる。ここから沖縄県民意の歴史の第2期が始まると考えたい（第2期がはじまった1996年から98年にかけて、沖縄県の基地政策は移設予定地となった名護市の市長選挙もまき込んで激しく揺れ動いた。この間の詳細な分析は、マイク・モチヅキ（Mike Mochizuki）氏の第4章「普天間をめぐる閉塞状況の打破に向けて」により詳細に述べられている）。

それは「整理縮小」派が初めて「全面撤去」派を大きく上回ったことにあらわれている。県民意識に徐々に構造的な変化がおこっていたとみるべきであろう。このことを裏付けたのは翌年に行われた知事選挙である。1998年の知事選挙では、保守派の稲嶺惠一氏が経済振興を全面に打ち出し、普天間基地は県内の「本島北部の辺野古岬近くの大浦湾に面する陸上部分に15年限定で軍民共用空港を建設する」として、現職候補の大田昌秀氏の「県外移設」と対立した。結果は、稲嶺氏の大勝であった。

しかしながら、SACO合意案は、時間が経つばかりで実現されず県内で漂流し続け、世紀をまたぐことになる。第1回「沖縄クエスチョン」のワークショップ（2003年10月東京）で、普天間基地が現行のままでは、いかに危険かを〝沖縄クエスチョン〟の米国側委員から報告を受けたラムズフェルド国防長官は、2003年11月に沖縄を訪問して、直接に沖縄県内の主要基地を査察して、普天間飛行場の早期移設を指示した。基地の整理縮小の遅々たる歩みに米国側のほうが苛立ちを覚えていたのである。

ヘリコプター墜落と日米ロードマップの決定

この危惧は、翌2004年8月13日、CH－53Dヘリコプターが沖縄国際大学へ墜落して現実のものとなった。05年10月29日、SCC（2＋2）による「日米同盟：未来のための変革と再編」〔資料3の②〕が採択され、さらに06年5月1日、再編実施のための日米ロードマップ

主要な在沖海兵隊の構成

- 在日米海兵隊基地司令部（キャンプ瑞慶覧）
- 第Ⅲ海兵機動展開部隊　3MEF（司令部：キャンプ・コートニー）
  - 第3海兵師団　3MD（司令部：キャンプ・コートニー）
    - - - - 第3海兵（歩兵）連隊（ハワイ）
    - 第4海兵連隊（キャンプ・シュワブ）
    - 第12海兵連隊（キャンプ・ハンセン）
    - 戦闘強襲大隊（キャンプ・シュワブ）
    - 第3偵察大隊（キャンプ・シュワブ）
  - 第1海兵航空団　1MAW（司令部：キャンプ瑞慶覧）
    - - - - 第12海兵航空群（岩国飛行場）
    - - - - 第24海兵航空群（ハワイ）
    - **第36海兵航空群（普天間飛行場）**
    - **第18海兵航空管制群(普天間飛行場)**
    - 第17海兵航空支援群（キャンプ瑞慶覧）
    - 第１海兵航空司令部中隊
  - 第3海兵兵站群　3MLG（司令部：牧港補給地区）
  - 第3海兵遠征旅団　3MEB（司令部：キャンプ・コートニー）
  - 第31海兵遠征部隊　31MEU (司令部：キャンプ・ハンセン)

※在日米海兵隊HP、沖縄県知事公室基地対策課「沖縄の米軍及び自衛隊基地（統計資料集）平成21年3月」に基づく

米海兵隊の戦闘部隊は、以下の四つの要素から成り立っている。

1. 歩兵・砲兵など陸上戦闘部隊
2. 攻撃機・輸送機など航空戦闘部隊
3. 建設土木、武器・弾薬・糧食の補給、医療支援などを担う兵站部隊
4. 諜報・通信を含む指令部隊

戦闘を行う際、これら役割の異なる部隊を集め、海兵空陸任務部隊（MAGTF《マグタフ》: Marine Air Ground Task Force）と呼ばれる実戦部隊を編成する。その最大規模のものが海兵機動展開部隊（MEF: Marine Expeditionary Force）である。

米国は三つのＭＥＦ（第Ⅰ・Ⅱ・Ⅲ）を編成している。そのうちのひとつが在沖縄の第Ⅲ海兵機動展開部隊であり、司令部をキャプ・コートニーにおく。

【第Ⅲ海兵機動展開部隊の詳細】

「1.」の歩兵・砲兵など地上戦闘部隊にあたるのが「第３海兵師団」である。

「2.」の航空戦闘部隊は「第１海兵航空団」と呼ばれ、二つの航空群を編成する。ひとつは第 12 海兵航空群で山口県岩国飛行場におく。もうひとつが普天間飛行場を拠点とする第36海兵航空群である。

「3.」の第３海兵兵站群は、先の震災において救援活動を行った。人道支援や災害援助活動にもあたる。

第３海兵遠征旅団は〝中規模編成〟の MAGTF（海兵空陸任務部隊）であり、平時には実動部隊を持たない陸上・航空・兵站戦闘部隊から構成される※。

第 31 海兵遠征部隊は、〝小規模編成〟の MAGTF であり、強襲揚陸即応を主な任務とし、海兵隊で唯一常時前方展開している部隊である。

※具体的には前方展開司令部として水陸両用作戦、危機対応、一定の有事作戦の遂行が可能である。

沖縄県の在日米軍施設

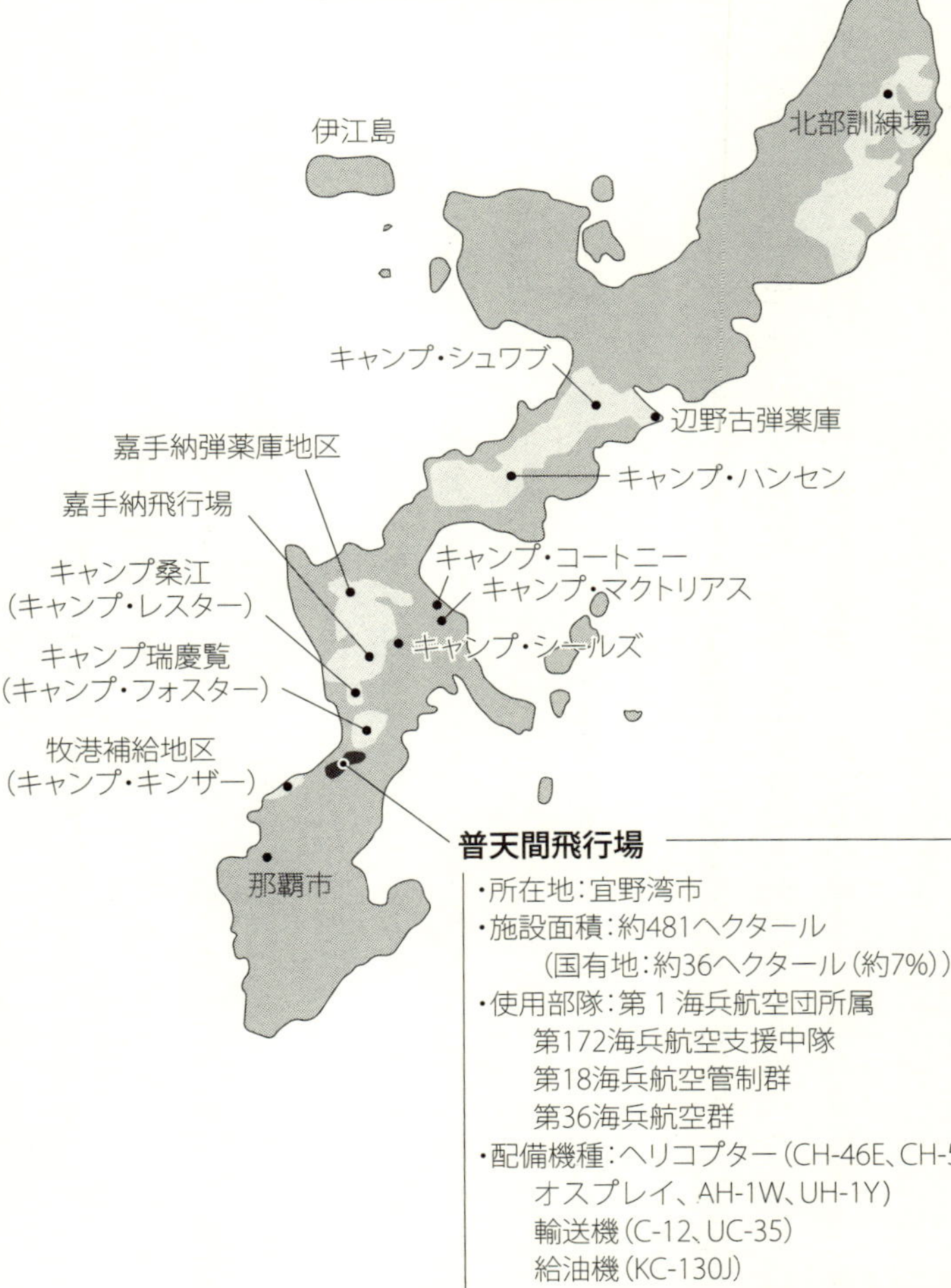

普天間飛行場

・所在地：宜野湾市
・施設面積：約481ヘクタール
　(国有地：約36ヘクタール(約7%))
・使用部隊：第1海兵航空団所属
　第172海兵航空支援中隊
　第18海兵航空管制群
　第36海兵航空群
・配備機種：ヘリコプター(CH-46E、CH-53E、MV-22オスプレイ、AH-1W、UH-1Y)
　輸送機(C-12、UC-35)
　給油機(KC-130J)
　※機種は平成26年9月現在、在日米海兵隊HPによる
・主要建物等　建物：管理事務所、格納庫、隊舎等
　滑走路：約2800メートル×約45メートル

(出典：防衛省「在日米軍及び海兵隊の意義・役割について」平成22年2月)

（工程表）の決定へとつながっていったことは言うまでもない。

この間（２００５年から０６年）の事情を少し振り返っておこう。

２００５年のＳＣＣで「キャンプシュワブの海岸線の区域とこれに近接する大浦湾の水域を結ぶＬ字型に普天間代替施設を設置する」と初めて明記した。

この時、すでに「沖縄住民が米海兵隊普天間飛行場の早期返還を強く要望し、いかなる普天間飛行場代替施設であっても沖縄県外での設置を希望していることを念頭に置きつつ、双方は、将来も必要であり続ける抑止力を維持しながらこれらの要望を満たす選択肢について討議した」（２００５年10月ＳＣＣの共同文書）と記されているのである。

この点に注目して筆者は「沖縄クエスチョン２００６」の会議で県外移設に向けた二段階論を提唱した（「沖縄クエスチョン２００６」[注3]参照）。

「（橋本は）〇六年合意に盛り込まれた『緊急時における空自新田原基地及び築城基地の米軍による『使用強化』を根拠に、新田原、築城が『県外移設先』となり得ると主張。政権交代前に一時浮上した『新田原・築城』案の発案者だった』」（前掲書『琉球の星条旗――普天間は終わらない』１２９頁、（　）は筆者補足）

この間、１９９６年以降からの基本トレンド、すなわち在沖米軍基地についての「整理縮小」派が、「全面撤去」派を上回る傾向に変化は見られない。普天間飛行場代替施設（ＦＲ

F）が、最終的には、V字型の滑走路を持つ辺野古案に決定した経緯については、本稿では、直接民意が関与しないということで割愛する。[注4] ただ、一言だけ述べれば、この最終案は国内、県内の政治的産物によるものであり、地域振興に名を借りた妥協の産物でもあり、決して日米同盟の深化を目指した外交的、軍事的 Decision-Making による決定とは少々異なるのではないかというのが私個人の率直な思いである。

SACO合意の内容に、普天間返還と嘉手納基地より以南の米軍の5施設の返還がある。極東一と言われる、嘉手納空軍基地他の返還を述べていない。民意の底流にも許容の範囲内で、ある一定の軍事的施設を受け入れる気持ちはずっと持ち合わせている。ところが、「一つ返還すると、次から次へと返還要求がなされ、米国の安保政策が成り立たないのではないか」という危惧の質問が2011年9月のワシントンにおけるシンポジウムで米国人の政府関係者から質問されたのは意外であった。これは、沖縄基地の真実が知らされていない証左と言える。

3. 第3期（2005〜）

▽民意〈県外・国外〉移設の支持急増大から新たな「沖縄アイデンティティ」の覚醒へ

第3期は、アジア太平洋を取り巻く安全保障環境も大きく変化し、2012年には在日米軍再編の見直しが発表される。民意の側も、06年の知事選挙の「辺野古移設の条件付き賛成」を最後に、辺野古が所在する名護市長選（2010年、2014年）、知事選（2010年）はいずれも〈県外・国外〉を主張した候補が勝利を収めた。

普天間「海外撤去」支持が急増大

県民意の実情のもう一つの大きな特徴は、ヘリコプターが墜落した2004年8月以後、県民の不安と不満が鬱積《うっせき》し、沖縄県から日本国内への返還よりも、国外移設を望む民意がより大きくなっていったことである。この民意の変化の発芽は、歴史的に重要な節目として記録されることになるだろう。これまでの全面撤去か整理縮小かという対立図式は、撤去や縮小の論理には、共にその移転先を具体的に論ずることはなかった。県内の自己完結型の発想である。ヘリコプター墜落に端を発して、移転、移設先を論じる民意が顕在化していく。

2005年の衆院選時の調査結果をみておこう。「海外撤去」（海外移設）は過半数の54・9%、「国内移設」は9・2%であった（琉球新報・共同通信社電話世論調査2005年9月1日〜3日）。

鳩山首相の〝少なくとも県外〟発言の裏切り

再編実施のロードマップの決定（2006・5）以降も、なかなか実現がはかどらない間に、

図2 ［問］米軍普天間飛行場の返還問題は、どのような解決手法が良いと思うか

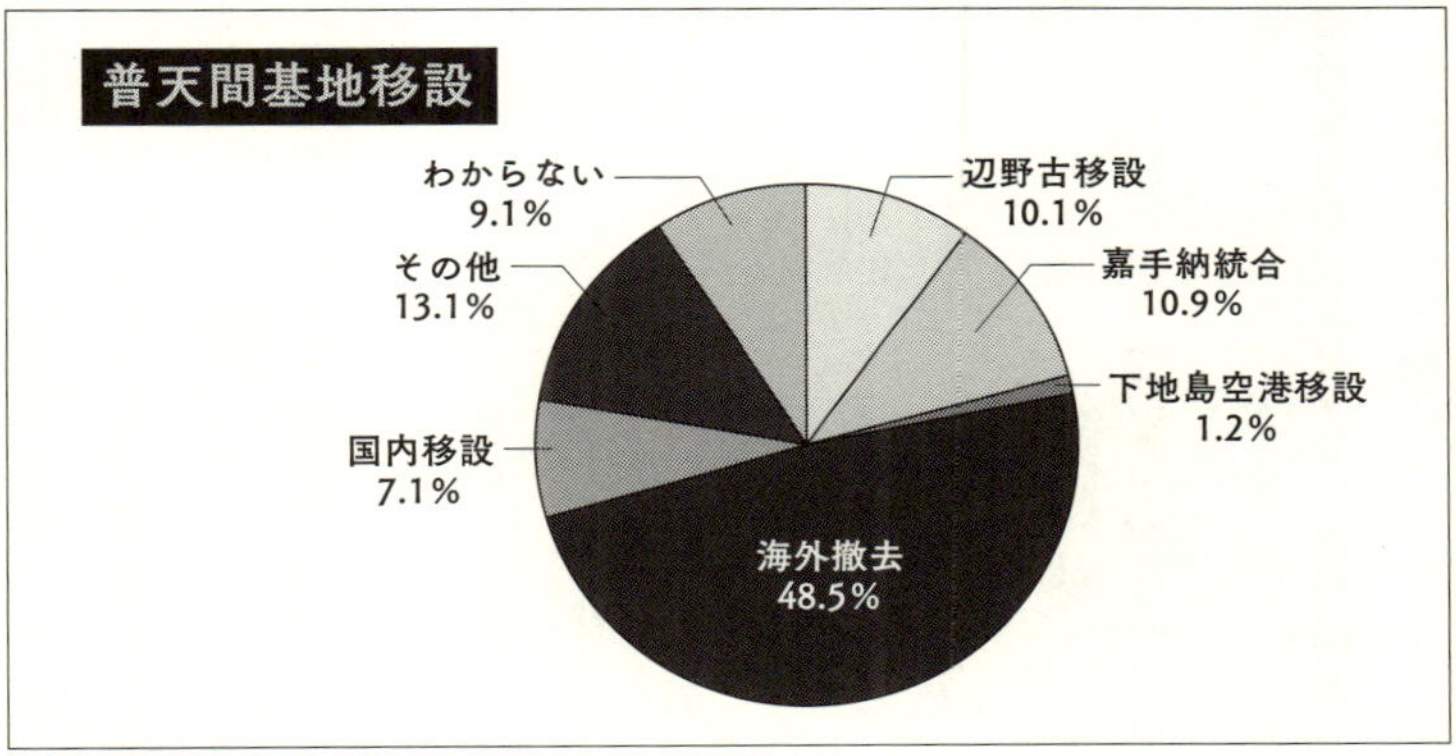

出典：琉球新報・共同通信電話世論調査（2009.8.24）
※調査された時期（2009年8月20～22日）は、2009年8月30日の選挙の直前である。その後の鳩山首相の〝少なくとも県外〟発言で「国外移設」賛成の民意は定着することになる。

民意は知らず知らずのうちに県外へとシフトしていった。この潜在的な民意のうねりを顕在化させたのが、民主党の鳩山由紀夫代表である。2009年7月19日（総選挙前）、政権交代後のFRFへの対応について初めて県外移設に前向きな発言をしたのである。この発言を受けて沖縄県の民意はさらに大きく揺らぎ、変化していく。

政権交代がおこった総選挙（2009年8月31日）直前の県民意識を見てみよう（図2参照）。民主党マニフェストに掲げた通り鳩山首相はFRFの見直しをはかり、最低でも県外移設を実現したい」と述べて県民意識は昂揚《こうよう》した。[注5]

しかしながら、2010年5月鳩山首相が「最低でも県外」の公約を破棄してしまった。この理由の核心的部分はいまだに元首相の口から話されていない。少なくとも言えることは、米国の国家意志を示威する役割を担ってきた海兵隊が沖縄においては第Ⅲ海兵機動展開部隊（ⅢＭＥＦ：Ⅲ Marine Expeditionary Force）の中核として大きな政治力を有していたことと無関係でない。鳩山首相のリーダーシップや外交戦略の欠如を指摘することは簡単だ。[注6] しかし、民主党政権にはもともと戦略的な政治的外交交渉をしようとする政党としての強い意志と周到な準備はなかったのではないか。[注7] 一度は信じた沖縄県民意を裏切る結果となったことは誠に残念でならない。薩摩《さつま》の侵攻（１６０９）、琉球処分（１８７９）を始め太平洋戦争後、特に期待しては裏切られ、差別されてきた歴史がある。〝少なくとも県外〟発言を簡単に取り下げる行為は〝やっぱり差別されたのか〟という気持ちを引き起してしまったのは当然であろう

この〝差別的〟発言にトドメをさしたのは〝方便〟発言である。

「最低でも県外」発言を取り下げ、辺野古に回帰した理由づけとして「抑止力」という言葉を使い、これを〝方便〟とした。まさに二重の意味で〝差別的意識〟と考えるが、発言者はこのことに気がついているのであろうか。

「沖縄アイデンティティ」とは何か

次の「沖縄アイデンティティ」の新たなる覚醒の議論に入っていく前に、「沖縄アイデンテ

ィティ」とは何か。基本的な理解と考え方を整理しておきたい。

そもそも「アイデンティティ」なるコンセプトは多岐にわたっているが、ここでは、アマルティア・セン（Amartya Sen）に準拠した私なりの理解と考え方から述べてみよう。

「『アイデンティティ（Identity）』とは、一個の自由な個人が有する多面的・複層的な概念である」（A・セン著「アイデンティティと暴力（Identity and Violence）」勁草書房、２０１１年／以下の引用もA・センの多くの出版物からも大きく影響を受けている）。

さらに「個人が単一の文化・宗教に基づく『アイデンティティ』に拘束されるのではなく、複数のアイデンティティの中から個人が理性により選び抜くものである」と言う。〝自分探し〟といわれるゆえんである。

本人であること、自己同一性、帰属意識などと訳される「アイデンティティ」の私なりの定義は以下のようなものである。

〝自分たちは何者であるのか〟〝自分は沖縄に帰属しているのか、日本の本土に帰属しているのか〟と自問自答し、自己決断するにあたり「選択の自由」があり、帰属先は複数あってよいのではないか、その上で、琉球（沖縄）の原点に立ち返って、「自由・平等・公正」を主張することが、まさに21世紀「沖縄アイデンティティ」だと言いたい。

本稿は不十分ながらそのプロセスの一端を記述したつもりである。

第1期（1945〜95）は、基地の「全面撤去」派の民意が主流であったことは述べた。この民意は、「基地全廃、安保破棄」という単一基準のアイデンティティと言える。しかし、普天間基地の返還の決定が初めてなされた1996年以降、第2期（1996〜2004）は政府の経済振興策を闘争の見返りとしてでなく、肯定的に認めて経済振興していくという立場をとる人が増えていく。

具体的には安保を承認しながら、基地の過重負担の軽減と経済振興を両立させるということである。このような〝複眼的〟アイデンティティが目に見えて浸透していった時期を踏まえ、さらに県外・国外移設に目を向けたロードマップ（2005）へと展開する。

辺野古移設が決定された後も逆に県外・国外移設派が多数を占めたことこそ、自己のアイデンティティの決断に「選択の自由」を発揮し、複眼的価値志向で、日本にも沖縄にも帰属するいわゆる現在の「沖縄アイデンティティ」が覚醒・成熟していったとみる。このような民意が主流となったのが、現在に続く第3期（2005〜）である。

このことは、以下に述べているように沖縄と本土との「関係」のあり方に異議を強く申し立てることになった。言い換えれば、「差別」、あるいは「差別的」なことがなされているという「関係」にあるという意識が2010年以降さらに顕著となって、現在の「沖縄アイデンティティ」をなす根源的要素として醸成され今も続いている。

アイデンティティは与えられているものではなく、理性によって「選択できる」のだとすれば、「辺野古埋立て」反対による「沖縄アイデンティティ」の確立を目指す「選択」は本土になぜ通じないのであろうか。

2014年11月16日の知事選は、21世紀の「沖縄アイデンティティ」のあり方を問う「選択」の選挙であった。しかし、県民がどちらをより多く「選択」したとしても、その後も沖縄が本土に何を「問」い続けるのか、まさにそのことが「問」われ続けるであろうと述べてきた。この「問」こそが求められている「解」であると言える。

本土側は何を「問」(Question)われているのかの理解は乏しい。何が「問題」(Problem)なのか。それに答えているではないか。少なくとも負担軽減策を実施しているし、辺野古移設によって危険な「普天間」を移設するではないかと反論するであろう。

ここに沖縄側と本土側との両者の「問」いはズレている。

このズレが大きくなり、放置すれば、単一基準の価値観による「沖縄アイデンティティ」が燃え上がり、鬱積したマグマが爆発しかねないことになる。沖縄側にもあくまでも理性による「選択」を持ち続けてもらいたい思う。

「沖縄アイデンティティ」の新たなる覚醒

鳩山首相の辞任（2010年6月4日）直前の県民意識を見てみよう。

辺野古移設について反対が84・1%とはね上がり、前回調査（2009年10月31、11月1日）の67・0%から17・1ポイント上昇した（2010年5月20、21日琉球新報社と毎日新聞社の実施による電話調査）。辺野古移設について「反対」を表明した人に理由を尋ねると38%が「無条件で基地を撤去すべきだ」、36・4%が「国外に移すべきだ」、16・4%が「沖縄県以外の日本国内に移すべきだ」県内反対の合計が90%を超えた。

第2期の民意の主役となった「整理縮小」派の担い手は国外移転（36・4%）と県外移転（16・4%）の合計52・8%であり、2009年調査の「整理縮小」（52%）と符合する。

このデータは何を物語るか。

琉球王国時代に培われた歴史的な外交民意、沖縄県民としての日本本土に対する歴史的な外交民意や、米国占領下時代に、本土復帰後に再び問われた沖縄県自身の民意が今日の沖縄県の歴史を刻んできたといえる。「自分たちは何者なのか」「なぜいつまでも沖縄だけが過重負担を背負って差別を受け継がなければならないのか」と自問自答を繰り返した。

この県民の自問自答の行きついた最終回答が「国外（36・4%）・県外（16・4%）移設」という意思表示とみるべきであろう。言い換えれば沖縄県民意のアイデンティティが発露したのである。この沖縄県民意のアイデンティティの発露を確かなものと受け取った仲井眞弘多陣営は同年（2010年）11月の2期目となる知事選挙で初めて普天間基地の「県外・国外移設」支持を打ち出した（1期目の2006年選挙では条件つき賛成の県内移設に軸足をおいた公約であった）。

県外移設の好機を逸した民主党外交

2012年1月5日の米国の新国防戦略発表に続いて、[注8] 2月8日、在日米軍再編のロードマップ（行程表）見直しに関する日米共同文書が発表された。

FRFを取り巻く民意の歴史の第3期の幕開け（2005年）から7年の月日が流れている。主要な骨格は、今までパッケージとされてきたグアム移転と米軍5施設（嘉手納以南）区域の返還を普天間移設と切り離して先行するというものである。1万8000人と言われる在沖海兵隊のうち、8000人がグアム移転となった。[注9] しかし、2012年4月の共同声明では、約9000人が沖縄から国外へ移転され、グアムへは5000人の海兵隊の人員が確保され、ローテーション方式で豪州やハワイ、フィリピンに分散移転されることになった。このような米国の国防政策変更の源流はどこに求められるか。

第5章で述べよう。日米合意の見直しの背景は、第一に米国の深刻な財政難、第二にアジア太平洋における中国軍事力の増強、第三に沖縄県民意の構造的変化である。

この第三の沖縄県民意の構造的変化について、振り返って記しておくべきことがある。それは今述べてきた2012年の日本を巻き込んだ米国の軍事再編、改定へ導いた注目に値する出来事であると言える。11年9月19日、仲井眞知事（当時）は私たちが主催する第4回〝沖縄クエスチョン〟のシンポジウム（於ワシントン）に出席し、普天間基地は県外へ移設したほうが解決が早いとスピーチしたのである。注10（〝The Okinawa Question: Futenma, the US-Japan Alliance & Regional Security〟2013年12月、仲井眞弘多のスピーチ原稿を記載）。「「沖縄クエスチョン」日米行動委員会12年の歩み」（225頁参照）でも述べているように、11年9月19日の知事スピーチの内容はパネッタ長官にも届けられた。パネッタ長官の日本訪問（2011年10月24〜26日）後、バラク・オバマ大統領は11月17日豪州ダーウィンにて米国外交・安全保障政策について「アジア・太平洋地域を最優先にする」と「アジア回帰」への転換を表明したのである。この延長で、玄葉光一郎外務大臣は12月19日にヒラリー・クリントン国務長官に呼ばれワシントンで会食した。

この米国の新国防政策に対し日本側はどう考えるのか、日本自身が沖縄を含むアジア・太平洋政策に対して主体的に関与していく姿勢が望まれる。しかしながら、鳩山首相の公約破棄に対する信用失墜に懲りたとはいえ当時の民主党政権に、沖縄駐留の海兵隊を一部分でもダーウィン、ハワイ、フィリピンへ移転する外交的工夫をなぜ準備できなかったのか。準備し得る客観的根拠を第5章で述べている。ところが、日本の大手メディアに「海兵隊が豪州に移れば、日本周辺での危機に即応しづらくなる。さらに心配なのは日本が米国の対中戦略から取り残される」という報道まであったのは、失望以外のなにものでもない。これはまさに杞憂《きゆう》というものであり、日本が積極的に果たすべき役割と義務があることを忘れてしまっている。

オバマ政権下の日米合意（2006・5）の見直し以降国内では様々なことが指摘されてきた。さすがに嘉手納統合案は日本では影を潜めているが、相変わらず辺野古移設だけで十分だと表明している人もいれば、そうしなければ普天間が固定化されると危惧する人もいる。

いずれの意見も第3期に移った民意の潮流を無視しているか、論理矛盾に陥っているといえる。論理矛盾に陥っているというのは、「普天間」の持つ機能の一部でも県外・国外へ移設することは現実的に不可能に近いと思い込んでいるだけのことだ。第2期の特徴であった漂流する民意が第3期に入って次第に国外・県外へと収斂《しゅうれん》していく変化を無視している。

不動産物件の発想から抜けられないメディア・有識者

ＦＲＦは県内か県外か、あるいはA基地かB基地か、という統合的防衛力構想（防衛省）の発想からほど遠い考えがいまだに横行している。〔A〕「普天間」に替わる代替地は、〔B〕「辺野古」であり、辺野古沿岸への移設が「唯一の解決策だ」と強調する。これに対し、翁長知事は「唯一の解決策との固定観念に縛られずに作業を中止してほしい」と反対する（2015年4月17日、初めての安倍首相と翁長知事の会談、於首相官邸）。この発想は、沖縄県内での不動産物件を扱うのと同じではないか。なぜ代替地でなく代替案という発想が出てこないのか。代替案とは具体的には後に述べるように（「橋本プロポーザル」）、県外・国外を問わず、戦略的・効率的で柔軟に抑止力が機能できる体制を構築することである。

「普天間基地は県外に移設はできない」と言い続けていた専門家・メディアにお聞きしたい。では、なぜ今回、米国は自ら日本国外に出ていくと言っているのか。今こそ時代の変化と、それに伴う米国外交の変化に対して、パートナーである日本がどう立ち向かうのか、日本独自のヴィジョンを提示して、日米両国でアジア・太平洋に新しい平和と繁栄をもたらす「公共財」としての日米同盟体制を共にデザインしていく姿勢が求められている。

沖縄本土復帰40周年を前にした2012年4月末に沖縄県民を対象に世論調査が行われ、普天間基地に対する次のような質問がなされた（図3参照）。

この調査結果においても、国外移設派が県外移設派よりも多く辺野古移設派が1割強しかない。

ところが、最新の同様の調査（2012年12月4、5日実施　琉球新報・共同通信電話世論

図３　［問］日米両政府は、普天間飛行場を名護市辺野古に移設する計画を立てています。あなたはどう思いますか

(1) 計画に沿って移設を進めるべきだ。	11.2%
(2) 移設せずに普天間飛行場を撤去すべきだ。	21.4%
(3) 県外に移設すべきだ。	28.7%
(4) 国外に移設すべきだ。	38.6%

出典：琉球新報・毎日新聞社合同世論調査（2012年4月末から5月初め実施）

調査）を見ると、第1位が県外移設25・4％、第2位が国外移設23・1％と約半年で、逆転したことに注目すべきだ。続いて、移設せずに無条件の閉鎖・撤去17・6％となっている。県外移設が第1位となった背景には、仲井眞県知事（当時）が、「県外に移設したほうが、辺野古移設にこだわるよりも問題の解決が早い」と繰り返し発言していることが、影響していると思われる。

その後、再び国外移設派が第1位を回復する。

沖縄県本土復帰40周年の民意（2012・5）

2012年5月15日、沖縄が本土に復帰40年を経過した。

この時、実施された世論調査において「沖縄アイデンティティ」の発露・蘇生をうかがわせる特筆すべき調査結果が出た。「沖縄アイデンティティ」とは琉球時代から幾多の歴史を経て培われてきた沖縄人らしさ、あるいはその帰属意識に目覚めた人々の属性を言う。ここでは基地に対する差別意識に焦点を当て、本土と沖縄の人々に次のような質問をした（図4参照）。

図4 ［質問］沖縄の米軍基地が減らないのは
本土による沖縄への差別だと思いますか

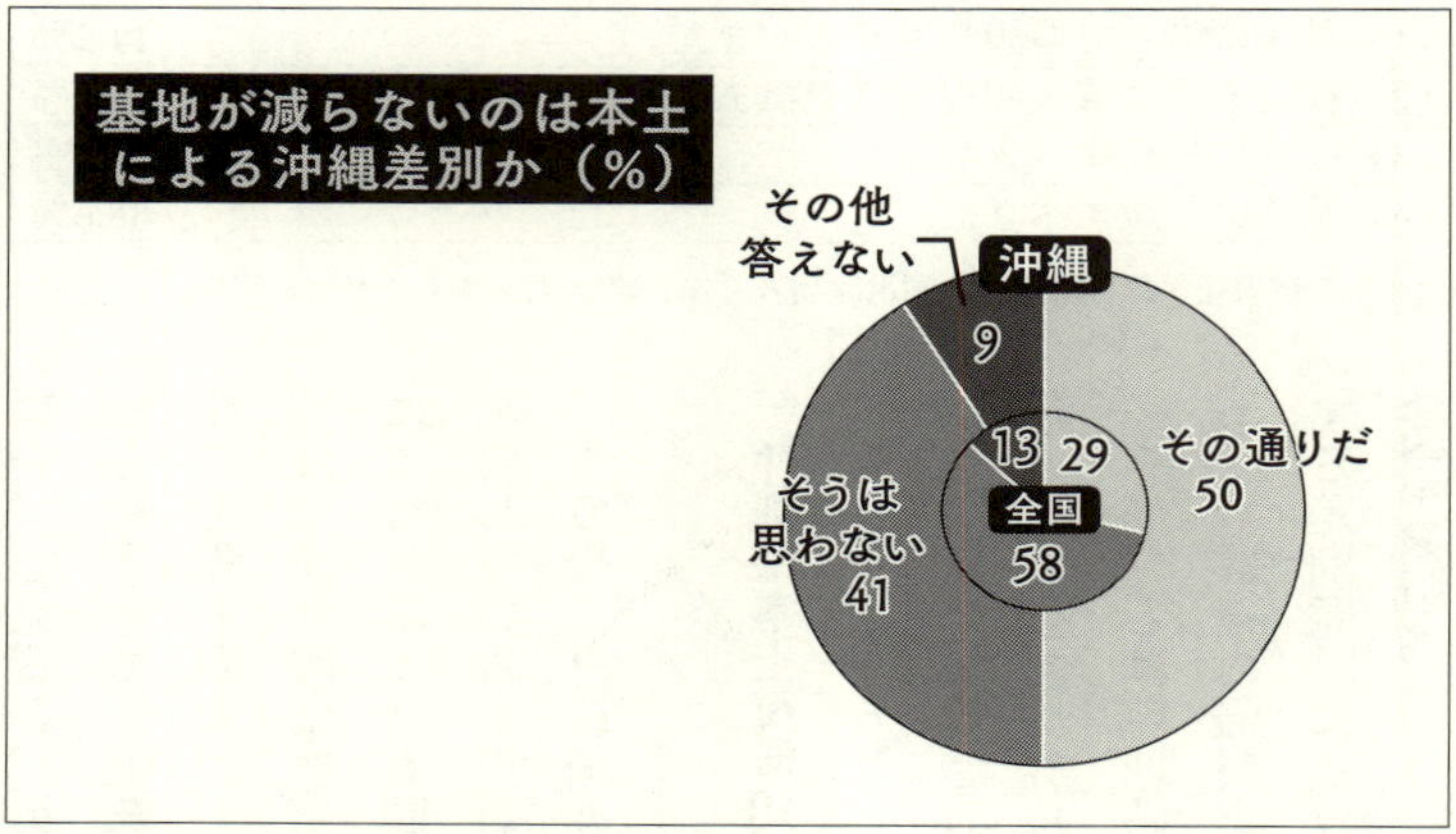

出典：沖縄タイムス・朝日新聞社の合同調査（2012年4月末から5月初め実施）

「差別だ」と回答した人は、沖縄で50%、全国で29%であった（沖縄タイムス社と朝日新聞社の電話による共同世論調査）。

沖縄県調査でも県民の73・9%が「差別的状況」の認識に同様の結果

沖縄県が実施した意識調査でも[注11]「差別的な状況だと思う」（49・6%）、「どちらかと言えばそう思う」（24・3%）の合計が73・9%に達した（図5参照）。

さらに米軍基地から派生する様々な課題について、県や国に対して特に力を入れて対応してほしいことについて、順位をつけて三つを選択してもらった。その結果、米軍基地対策の優先度上位3位は、次のようになった（図6参照）。

第1位「基地を返還させること」（20・1）

図５　[問] あなたは、沖縄県に全国の米軍専用施設の約 74%が存在していることについて、差別的な状況だと思いますか

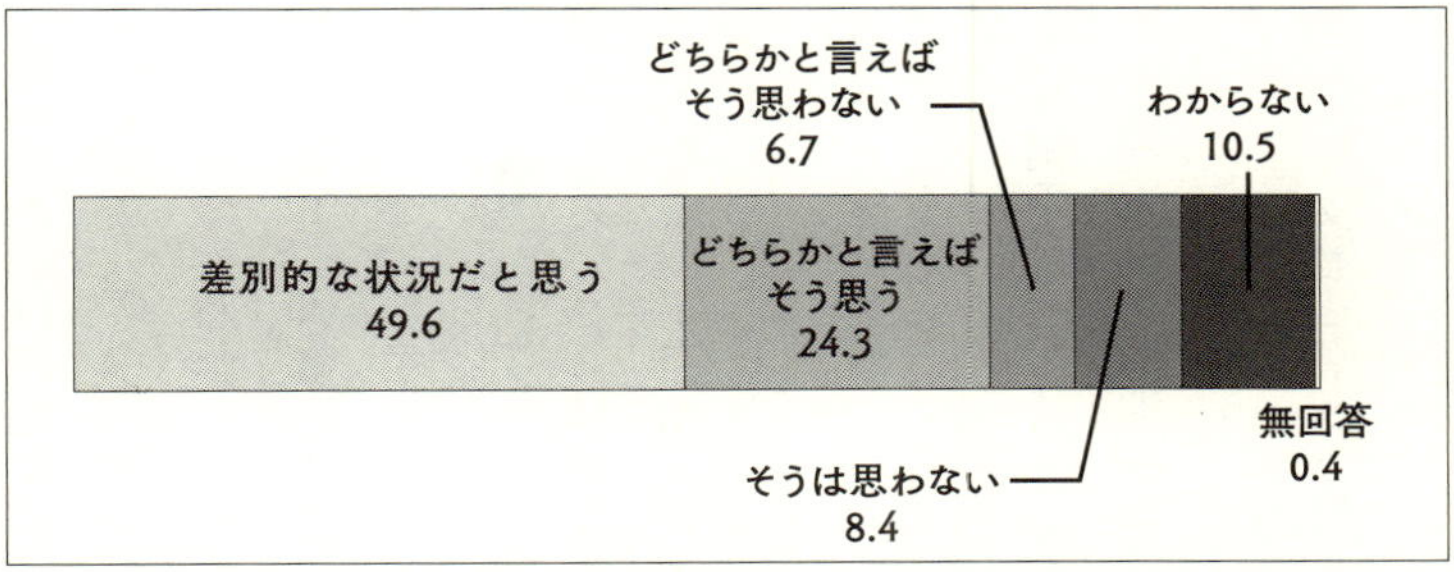

出典：平成 26 年 3 月沖縄県企画部『第 8 回県民意識調査報告書』「くらしについてのアンケート結果」（平成 24 年 10 月調査）（p .60）
調査方法：留置法（調査票の配布及び回収を調査員が直接個別訪問して行った）
調査対象：県内に居住する満 15 歳以上 75 歳未満の男女個人／層化二段無作為抽出
調査時期：平成 24 年 10 月 6 日～ 11 月 5 日
有効回収：1.612 人（80.6%）

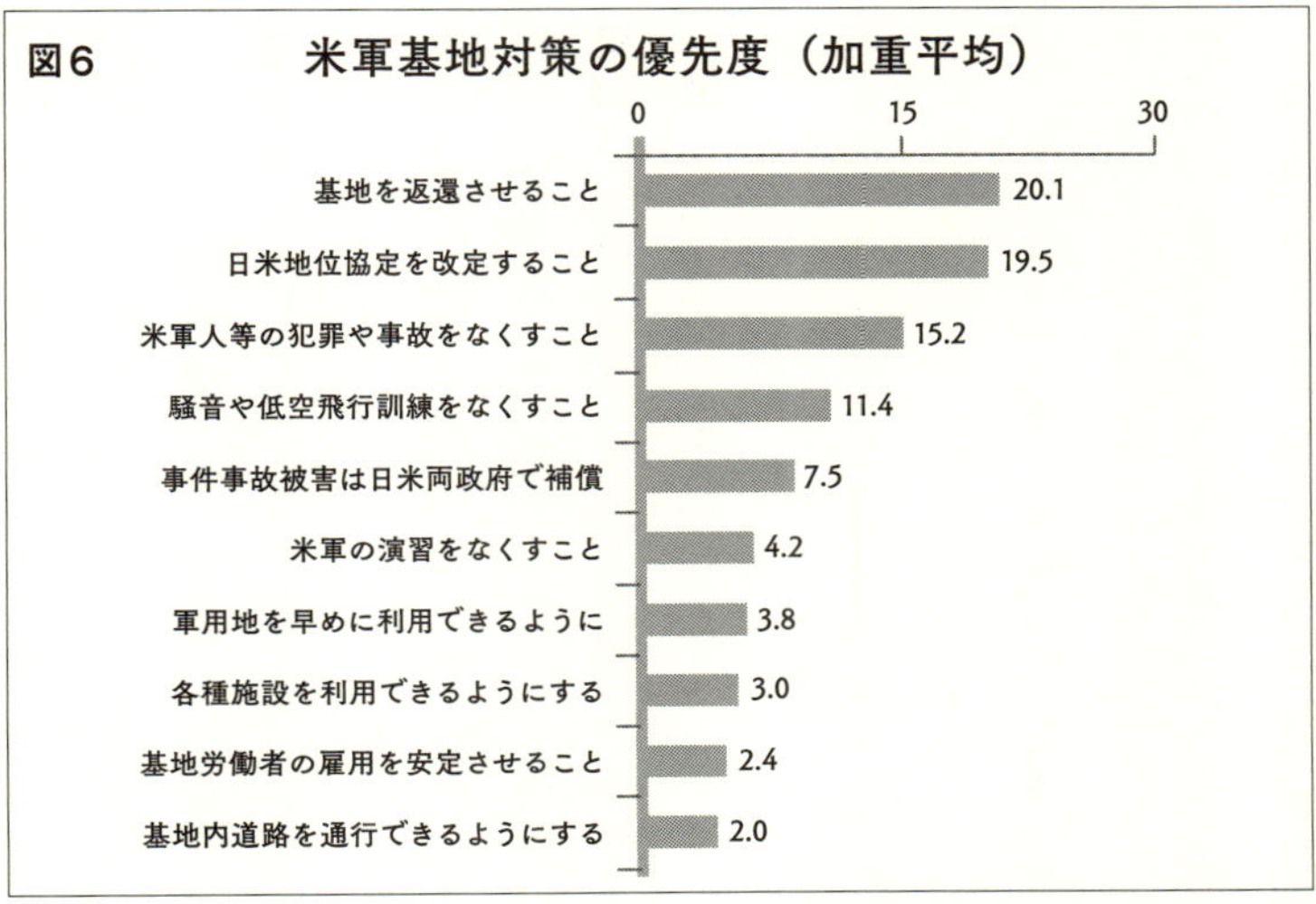

出典：平成 26 年 3 月沖縄県企画部『第 8 回県民意識調査報告書』「くらしについてのアンケート結果」（平成 24 年 10 月調査）（p .19）

第2位「日米地位協定を改定すること」(19・5)
第3位「米軍人等の犯罪や事故をなくすこと」(15・2)

ほぼ同時期に行われたNHKの時系列調査[注12]で「あなたは沖縄のことを理解していると思うか」の問に対し、沖縄の人の71%が「本土の人は理解していない」(あまり+まったく)と回答している。この数字は、1995年5月に行われた同様の調査での48%から23%も上昇している。同年の9月にはレイプ事件が発生しており、まさに本稿で述べた第1期の終わりの時期と符号している。さらに2012年の高い比率は、さらに進んで沖縄と本土との「関係」が歴史上、新たなる「不自由・不平等・不公正」の集積として「差別」という用語が「沖縄クエスチョン」即ち、沖縄は何を「問うているのか」、「問」うべきなのか自らのアイデンティティを主張し始めたと言える。

本土と沖縄の意識ギャップの拡大

このように本土と沖縄との意識の乖離《かいり》は大きく、さらにこのままだと益々大きくなっていくことが予想される。もう一度同じ質問結果のグラフを見てみよう。

沖縄タイムス社と朝日新聞社の共同世論調査において全国では「基地」を差別だと思わない人が過半数の58%、なかでも30代の81%が驚くべきことに「差別とは思わない」と回答している。このように沖縄と本土の基地に対する差別の民意が2012年にさらに拡大したことに注目するべきである。この最大の原因は、沖縄側にあっては、同年2月の在日米軍再編のロードマップ見直しにもかかわらず、相変わらず県内移設が強調され、失望感が沈殿《ちんでん》され、現在の「沖縄アイデンティティ」の覚醒を決定づけたことである。

本土側にあっては、沖縄の歴史を知らない若い世代が増えて、今日の日本の平和が沖縄に集中した基地に支えられてきたという認識が欠如していることを意味している。このように沖縄では(本土とは逆に)「沖縄アイデンティティ」の確固とした蘇生をうかがわせる状態が続いている。

その証左の一つが、軍用地主(5万人台)の中の100人を超える人々が賃借料の収入が入らないのを覚悟の上で、2012年になって初めて軍用基地の貸借契約を拒否したことが判明した。軍用地主の中にはいまだに、基地を返還しないでくれという人たちがいることは承知している。しかし、「沖縄アイデンティティ」とは何かを自覚することによって、これ以上の基地に依存しない自立した沖縄の自画像確立へ決意を新たにする人たちが出てきたことに注目したい。

本土の人たちが沖縄の過重負担を少しでも和らげたい、1年間のうち少しぐらいなら自分の住んでいる場所にある自衛隊基地で共同運用してもよいという声が出てきてもよさそうだ。この時、初めて政府の基地の県外・国外移設が可能となるであろう。米国にしてもまた日米両国の安保政策に対する新展開がむしろ前進するであろう。その意味で、佐賀空港を手始めに米国海兵隊のMV－22オスプレイの全国展開、さらにいずれ防衛省が自国のオスプレイを展開する今後の動向から目を離せない。

沖縄県議会議員選挙（2012・6）と総選挙（2012・12）

「沖縄の民意は県内移設に戻る」という見方が間違っていることは、2012年6月10日に行われた沖縄県議会議員選挙で証明された。

選挙結果は本稿で私が述べてきた民意の潮流を裏付けるものとなったのである。要約すれば、第1章の第3期で言及した復帰後民意の変遷の第3段階の内容を実証したことになる。一言で言えば、「普天間基地移設は県外・国外へ」と言うことである。政党別に当選者の分布を見れば、さらによくわかる。

各メディアは、一斉に「仲井眞知事を支える県政与党（自民・公明・無所属与党）が過半数を割り込んだ」と報じた。しかし、このような分析は表面的なものに過ぎない。分析のポイントは、次の3点である。

第一のポイントは、今回の選挙結果を単に一時的な現象の結果という見方でなく「自分たちは何者なのか」「なぜいつまでも沖縄だけが過重負担を背負って差別を受け継がなければならないのか」という自身の覚醒した「沖縄アイデンティティ」を投票行動にぶつけた結果だと見るべきである。

第二のポイントは、基地政策に対し民主党本部と県連の民主党のねじれを指摘せねばならない。

野田民主党は「普天間基地の辺野古移設」案を捨てることを拒否した。一方、沖縄県民主党は「普天間基地は県外・国外へ移設する」方針を堅持した。さらに、民主党政権は県民の反発が根強いMV－22オスプレイを普天間基地に配備する方針を表明した。

第三のポイントは、全候補者が県外移設を訴えて、争点ボケとなり、投票に行く意欲をなくさせてしまった。その結果、投票率は大幅に低下し、今までの最低投票率も下回る52・4％を記録した。

投票率の大幅な下落は、組織力のある公明党、地元に根強い支持が今も残る地方政党、社会大衆党、社民党、無所属左派に有利に働いた。

このような沖縄県民意の歴史的な変化のうねりと関係なく民主党政権の支持率は下落の一途をたどった。２０１２年沖縄の日本復帰40周年を迎え、蘇生された「沖縄アイデンティティ」

の意識は衰えることはなかった。

同年12月衆議院選挙が行われ、自公政権は復活し、安倍連立政権が誕生した。結果は、自民の歴史的な大勝、民主党の壊滅的な敗北であった。沖縄県の選挙区も全国と同様の結果をもたらした。

2013年7月に実施された参院選も自民党は圧勝し、自公連立政権はさらに強固なものとなった。

「オール沖縄」形成と沖縄県知事選挙（2014・11）

まず、11・16翁長知事誕生への「オール沖縄」形成の軌跡からみてみよう。

知事誕生の支持基盤となったのは保・革を超えた「オール沖縄」が形成されたことである。「オール沖縄」の形成は今回が初めてではない。占領時代の1956年「プライス勧告」（米軍が軍用地の「一括払い（事実上の買い上げ）」に対し、当時の保守革新が大同団結して反対闘争をした「島ぐるみ」闘争に始まる。

第3期（2005年〜）以降の10万人規模で行われた県民大会は、沖縄戦集団自決否定の歴史教科書撤回（07年）、普天間閉鎖・撤去と辺野古移設反対（09年）、新型輸送機MV-22オスプレイ配備撤回（12年）と続く。

翁長氏は、2010年仲井眞弘多氏の知事選を支えた後、12年のオスプレイ闘争、13年の対政府「建白書」提出で全権代表となり「オール沖縄」の支持基盤を形成してゆくことになる。本篇で述べているように、いままでの保・革の対立意識を超えて現在の〝沖縄アイデンティティ〟の覚醒・成熟を決定づけたのが、2013年12月27日の仲井眞知事の辺野古埋立て申請の承認である。仲井眞知事から見れば、行政上、〝やむを得ぬ手続き〟であったが、多くの県民には理解されなかった。

これをきっかけに沖縄自民党は分裂し、共産党も加わった「オール沖縄」の民意が翁長氏の知事誕生の布石となった。翁長氏は基地と取引きするような今までのやり方で交付金や振興予算の増額を勝ちとっても地域社会が潤うわけでないと述べている。

知事当選後、年が明けて3月、「経済発展のために基地と取引しない」というウチナーンチュとしての強い意志が辺野古埋立て承認の取り消しへと駆り立て、政府との対立関係にまで発展してしまった。

では、次にこれからも「オール沖縄」を維持できるであろうか？

沖縄における保守と革新の分岐点は何か。「安保・基地」への考え方の相違を分水嶺として保守・革新の分岐点となっていた。しかし、その後知事選に限って言えば、自民党に支えられた保守側の候補者といえども、政府側の「辺野古移設案」を百％認めるような候補者はいなかった。民主党・鳩山政権時のみ両陣営とも普天間の県内移設反対の中で争われた。そして今回の2014年の翁長氏の「保・革」を巻き込んだ「オール沖縄」が誕生した。「オール沖縄」が全県的に賛同したピークは2013年1月の「建白書」の島ぐるみ会議が結成された頃だ。

2013年12月、仲井眞知事が辺野古埋立てに同意した後、各市町村の足並みは揃わなくなった。

2014年11月の知事選の対立構図は「オール沖縄」だけではなかったことを忘れてはいけない。その根底にあった沖縄の過重負担への反発がより全面に出たことにある。それが本書で述べてきた新「沖縄アイデンティティ」の発露・覚醒と符合する。

保・革の意識を超えた新しい「沖縄アイデンティティ」は差別意識の3要素「不自由・不平等・不公正」が解消に向かわない限り衰えることはないだろう。とすれば、沖縄の政党支持の構図に地殻変動がおこることになるのであろうか。沖縄の政党支持に関する政治文化は、「保守：革新：支持政党なし」は「3：3：4」であると言われるが、この分布割合も変化するのであろうか？

「沖縄アイデンティティ」の担い手が4割の「支持政党なし」層であることに変わりはないと思われる。沖縄は歴史的に「無党派」層が圧倒的に多数を占めてきた。このことは本土ではあまり知られていない。本土では都市部から「無党派」層が増え続け、今や市町村の規模にかかわらず、「無党派」層が第一党となっている地域が多い。政治文化と歴史が異なる沖縄での「無党派」層とは政党不信というより候補者の人物・政策・争点に左右された、党派心を持たない「無党派」層であるのが大きな特徴である。仮に辺野古移設の争点が何らかの形で終結を見たとしたら、安保政策を積極的に是認する保守側の論理とそれを否定する革新側の論理が再び対決することも考えられる。この時、保・革が手を合わせるという意味の「オール沖縄」の行方はどうなるか。

対中央という観点に立てば、沖縄の公明党と共産党が次の国政選挙、知事選挙も歩調を合わせるとは考えられない。

翁長雄志知事誕生と総選挙（2014・12）

引き続いて行われた総選挙は、翁長知事誕生の勢いをそのまま持ち込んだような結果になった。沖縄1区から4区のすべての選挙区で党派を超えて翁長支持グループが勝利したのである。しかし、小選挙区で敗れた自民党系の候補者は、比例区で全員復活を果たし沖縄選出の国会議員の数は急増した。勝敗のカギを握ったのはやはり「沖縄アイデンティティ」の担い手である4割の「支持政党なし層」である。

次の総選挙で、このような今回の構図が維持されるかどうかは全く未知数である。

尖閣問題と普天間

日本政府が尖閣を国有化した2012年9月以降、中国政府の監視船が領海侵犯を繰り返している。中国軍関係者は、日本側が今も「領土問題は存在しない」との立場を崩していないとして「領有権争いを認めるまで、緊張状態をつくり続ける」としている。そこで、尖閣問題に対する筆者の立場を「普天間」と関連して簡単に述べておきたい。

「沖縄の普天間基地を守らなければ、日本が領有権を持つ尖閣が中国のものとなってしまう」。従って、「普天間が返還されても、沖縄の辺野古に代替基地を作って、尖閣を守っていかなければならない」という主張がある。これは暴言である。なぜ海兵隊の存在が尖閣を守ることと関係があるのか。辺野古と関連づけて中国の脅威を防ぐために尖閣が必要との議論の組立は説得力があるとはいえない。

ここで「尖閣問題」に対する筆者の個人的見解を要約しておく（というのはLAタイムズ、2014年11月30日で"Op-Ed A framework for resolving Japan-China dispute over islands"のタイトルで、マイケル・オハンロン氏と上海のWu Xinbo氏とのco-author（共同執筆）の名前で投稿記事が掲載された。内容については、私と異なる指摘が残されたまま投稿されてしまった。異なる指摘の内容を削除し、以下に私の見解を述べることをお許し願いたい）。注13

第一に尖閣諸島は日本の固有の領土である。

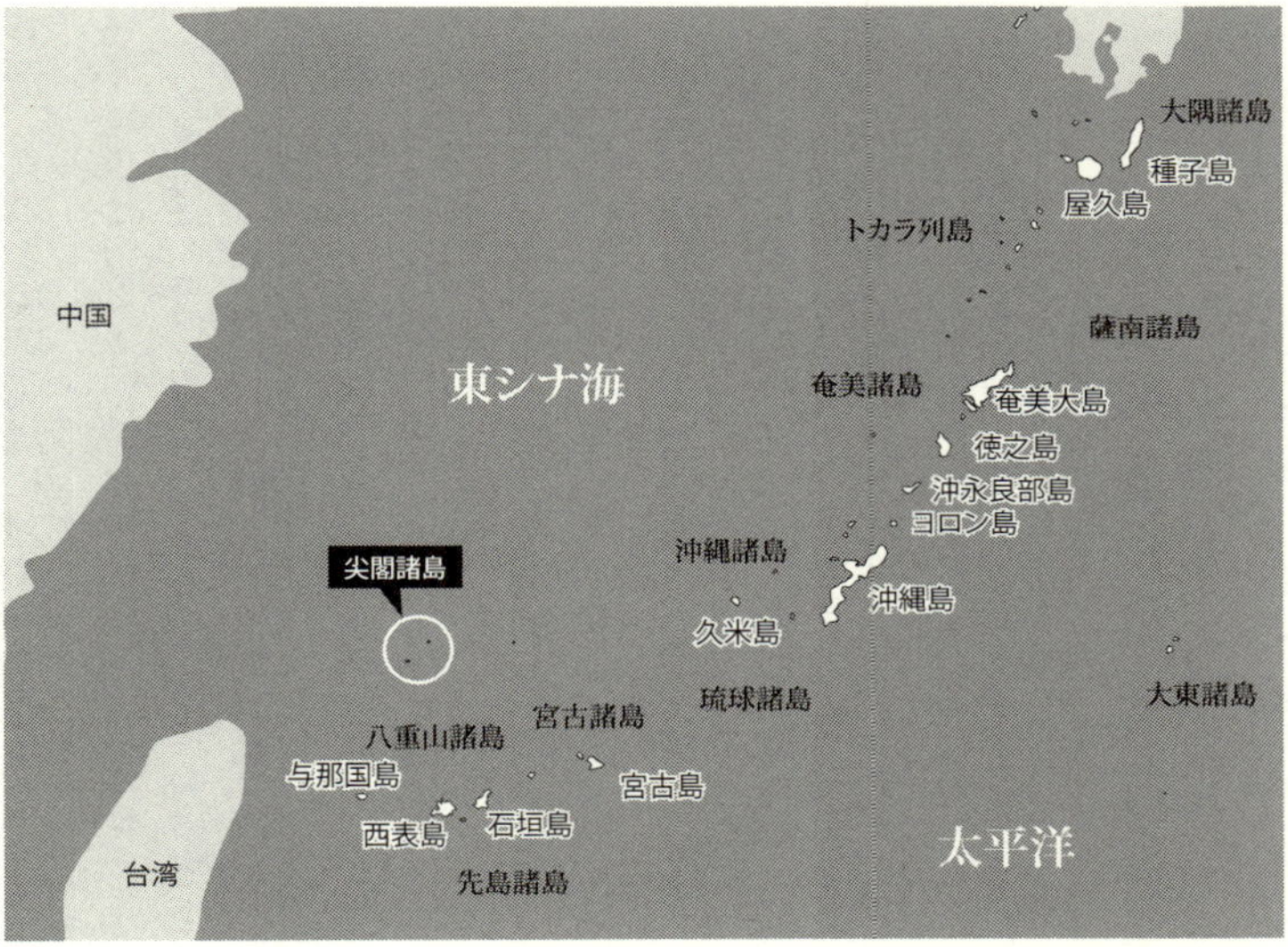

しかし、中国側も領有権を主張している。そこで、尖閣諸島に関しては、1972年に周恩来首相と田中角栄首相との間で、78年には鄧小平副首相と園田直外務大臣との間で、棚上げにするという合意があった。

今日の日中関係の状況で、中国側が自国の領有権の主張を取り下げないまま放置することは危険である（中国は過去においてこの地域の領有権を日本側から持ちかけられても放置した経緯がある）。そこで、第一に、両国は領有権の議論を棚上げし、第二に周辺地域・海底部分に対する利用権を、領有権と切り離して、（デカップル）議論することを提案する（第二の点は、オハンロン氏との見解とほぼ同じである）。

第二の点については日本国内で異論もあろ

うが、日本が尖閣諸島に対する施政権を合法的に持ち続けることを放棄するものでない（台湾を含む東シナ海の尖閣をめぐる歴史の詳細、及び米国の日本を使って中国に当たらせるという〝オフショア・バランシング〟戦術については割愛する）。

２０１４年４月に、尖閣諸島は「日米防衛義務を定めた日米安全保障条約第５条の適用対象である」と米国大統領として初めて明言したが、紛争に関してはどちらにもあえて与しない態度を取った。しかし、その後も中国が南シナ海で一方的に岩礁を埋め立てるなど独自の領有権を主張する動きを強めるに及んで、米国として、日本側の要請で「中立」を封印し、領有権にあえて触れないようにしたのであった。注14

本稿の基調をなす、ウチナーンチュ―ヤマトゥンチュ「関係」のアプローチで言えば、両者がお互いに認め合ってこそ、解決へのステップを踏むことができるのである。

(Endnotes)

注１　橋本前首相（当時）は、冒頭に以下のように述べた。「今日、告示直前の選挙運動の忙しい最中で、晃和（こうわ）さんの命令で、今朝は出頭いたしました。ただこの人（橋本晃和）は、ひどい人でして……。こういう後輩を持つと非常に苦労致します。同じ慶応の、そして一時期剣道部でも一緒でした」。

注２　小歴史：１９９６年１月、当時ブルッキングス研究所の上席研究員であったマイク・モチヅキは、彼

の沖縄訪問を報告し、沖縄の現状を議論するために、東京の米国大使館でウォルター・モンデール米国大使と2度お会いした。モチヅキ氏が私（橋本晃和）に米政府が普天間基地を日本に返還することを考えているとの報告を受けて、私は橋本龍太郎首相の親同然の信頼者であった石川忠雄（慶応義塾大学）元塾長にお会いして以下のようなメッセージを橋本首相にお伝えしてほしいとお願いした。

それは、ビル・クリントン大統領とお会いする時、日本から普天間基地の日本返還を持ち出してくださいということである。そこで「躊躇しながらも」（のちに首相が私に述べた言葉）意を決して、1996年2月23日カリフォルニア州サンタモニカでクリントン大統領との初めての会談で普天間返還を持ち出したのである。これには後日談がある。

なかなか言い出せない日本の首相を横目でみて、大統領が「ミスター龍（りゅう）、君は僕に何か言いたいことがあるのではないか。今、聞いておかなくてはいけないことは他にないか」と助け舟を出した。後日、石川先生のオフィスで、橋本前首相（当時）と偶然お会いした時、「おい、晃和（こうわ）、君の話がウソだったら、竹刀でぶっ飛ばしてやろうと思ってたよ」と言われたのを今も鮮明に憶えている。

翌2月24日に橋本政権下、初の日米首脳会談に臨んだ。当時の総理大臣秘書官であった江田憲司（前維新の党代表）衆議院議員によれば、「大統領は『ほかに何か言いたいことはありませんか』と助け舟を出してくれた。それがなければ総理は言えなかった」（『朝日新聞』平成25年6月2日）という。

1996年2月23日、米サンタモニカでの橋本首相、クリントン大統領の日米首脳会談に向けて「普天間」を取り上げるかどうか橋本首相の悩める心境と決断への心の葛藤はその後、多くのメディアの発信によって様々な内容記事が書かれている。

例えば、森本元防衛大臣は「米側で、最初にこの問題を日米間でやりとりしようと考えたのが誰であるか定かでない」（「普天間の謎」海竜社、2010年7月）としたうえで、様々な角度から精緻に書き記している。また、普天間返還発表への過程で、大統領、ペリー国防長官と「同時に大きかったのはモンデール駐日大使の存在だった」（朝日新聞：外岡秀俊「《検証》沖縄を語る　橋本龍太郎前首相上下」1999年11月11日、12日）と当時の心境を吐露している。

これが普天間返還の長い歴史の始まりであった。

注3　「沖縄クエスチョン2006」シンポジウムは、2006年5月17日（財）日本国際問題研究所、理事長佐藤行雄氏）、「中台関係・日米同盟・沖縄―その現実的課題を問う―」と題して行われた。

筆者はそこで、2005年のSCCを根拠に第1ステップとして普天間基地の早期の危険性除去への言及、第2ステップとして普天間基地の三つの機能の段階的分散案に言及した。

今から思えば、当時の拙い発想は2009年の政権交代前後に「九州地区―新田原・築城―ローテーション案」の発案者（一部メディア）だとか、「鳩山首相が模索する『二段階論』の理論的支柱者の一人（毎日新聞政治部著『琉球の星条旗――普天間は終わらない』講談社、2010年12月、130頁）とか言われた。

しかし、それでもKC－130空中給油機の岩国への移動が正式に実施され、基地の方向性も「沖縄クエスチョン2006」で述べた内容で現在進展中であると言える。

注4　辺野古案に決定するプロセスの詳細は、The Okinawa Question Futenma, the US-Japan Alliance & Regional Security "Overcoming the Stalemate about Futenma" に詳しい。

注5　筆者は、この時期に普天間飛行場代替施設（FRF）の見直しに関して、総理と関わりあっていた。以下は事実なので書き記す。

「『普天間問題は、平野君（博文官房長官）に任せることにしましたが、いいですか』オバマ大統領との会談から8日後の2009年11月21日、首相公邸。鳩山首相は旧知の橋本晃和桜美林大学大学院客員教授と向かい合っていた。……略『自分に任せてください。できなければ腹を切る』平野官房長官はこう鳩山首相に宣言した」（毎日新聞政治部著『琉球の星条旗――普天間は終わらない』講談社、原文のママ）。

年が明けて、2010年2月5日夕刻、筆者は中山義活総理大臣補佐官（当時）を伴って、最後の機会になるだろうと思って官邸で官房長官と1時間近く話し合った。話し合いは予想された通り決裂し、物別れに終わった。

注6　民主党政権が誕生した時、オバマ政権下で国家安全保障会議（NSC）アジア上級部長を務めたジェフリー・ベーダー（Jeffrey A.Bader）氏が、鳩山首相の日米同盟へのコミットメント（政治的・外交的姿勢）に大きな懸念を抱いていたことはよく知られている。

「Obama and China's Rise（ブルッキングス研究所2012年）,40-47:for more on how the U.S. perceived Hatoyama's politics and diplomacy.」を参照。

注7　このことを裏付ける例証として鳩山民主党政権内の普天間基地に係わった各閣僚の発言はバラバラであったことにあきれるばかりである。官房長官はホワイトビーチ案を指摘し、外務大臣は嘉手納への統合論を主張し、防衛大臣は最後には辺野古移設案を主張するといった具合である。政権交代前の2008年くらいに沖縄ビジョンを改定し、党として「日米の役割分担の見地から米軍再編の中で在沖海兵隊基地の県外への機能分散をまず模索し、戦略環境の変化を踏まえて、国外への移転を目指す」と明記しているにもかかわらずである。

注8　米国国防省　http://www.defense.gov/news/defense_strategic_guidance.pdf

注9　米国国務省　http://www.state.gov/r/pa/prs/ps/2012/02/183542.htm

注10　結論として「日本国内の沖縄県外への移設がこの問題の解決をもっともはやく前進させる論理的方法であり、日米両国の同意する結論としては、普天間の海兵隊航空基地（ＭＣＡＳ）の辺野古への移設案は改定されなければならないと考えております」と述べている。

注11　本調査は「本県が策定した初めての総合計画である『沖縄21世紀ビジョン基本計画（平成24年5月）』の推進に資する」（報告書はしがき）ことを目的として実施された。

注12　出典：ＮＨＫ放送文化研究所「本土復帰後40年間の沖縄県民意識」２０１３年年報。この時系列調査は１９７２年の復帰後から定期的に行われているもので、95年時の48％という数字は87年時とともに現在までの調査の最低の数字である。

注13　私と異なる指摘とは、次の核心部分であり、この主張の第一の柱に係わる後続文章のすべてである。「第一の柱は「共通主権（Shared Sovereignty）という概念であり、日中両国が尖閣諸島すべてに対する領有権を保持するというものだ」（原文和訳）。

注14　閣僚はまた、尖閣諸島が日本の施政の下にある領域であり、したがって日米安全保障条約第5条の下でのコミットメントの範囲に含まれること、及び同諸島に対する日本の施政を損なおうとするいかなる一方的な行動にも反対することを再確認した。（２０１５年4月27日「変化する安全保障環境のためのより力強い同盟」日米安全保障協議委員会共同発表）。〔資料３の⑦〕

第2章

歴史から見た「沖縄基地問題」

高良倉吉

1.「問題」の確認とは

重要な論点の存在

「沖縄基地問題」は、安全保障をめぐる現実をどう考えるかという日本の国内問題であると同時に、日米同盟のあり方やアジア太平洋地域の安定をめぐる国際政治上の問題でもあるという二重の性格を帯びている。しかしながら、広大なアメリカ軍基地を長期にわたって押し付けられ、そこから派生する事件や事故、騒音などの被害に悩まされ続けてきた沖縄の地域住民の側から言えば、この問題にはもう一つの重要な論点が含まれている。それは、「なぜ沖縄のみが、過重な基地負担を長期にわたって強いられ続けているのか?」「なぜ我々の地域は、そのように扱われ続けているのか?」という疑問から立ち上がるところの論点である。要するに、沖縄住民のアイデンティティに深く係る問題として、「沖縄基地問題」は存在する。したがって、「沖縄基地問題」を考えるときに、日本の安全保障や日米同盟、アジア太平洋地域の安定といったことのみに関心を止めるのではなく、沖縄住民の側のアイデンティティに係わる問題が含まれているのだという点に注意を払わなければ、この問題の本質を理解することはできない。

そこで、「沖縄基地問題」を歴史的文脈に照らして考えるために、まず最初に、今から65年前に沖縄出身のある研究者によって発せられたメッセージの紹介から始めたい。なぜならば、沖縄に存在する広大なアメリカ軍基地は、そもそも無人の荒野に建設されたものではなかったからだ。基地が建設されたその土地は、長い歴史を持ち、独自の文化を形成し、そしてまたアイデンティティの葛藤を内包する沖縄という地域だったからである。

アメリカ軍基地は、戦争によって甚大な被害を被った沖縄という土地に強引に突き立てられた「異物」のようなものであった。「異物」としてのアメリカ軍基地と沖縄社会のあいだでどのような対立が繰り返されてきたのか、そのことを語る膨大な研究や証言がすでに蓄積されている。したがって、沖縄のアメリカ軍基地は、それが出現した当初からすでに安全保障という国家レベルの論理で完結するものではなく、「沖縄問題」という複雑な問題群を背負わざるをえない運命だったと言える。言い換えると、「沖縄基地問題」は、その出発の当初から、「沖縄問題」としての論点を内包していたと言えるのである。
以上の点を確認して、65年前に発せられたメッセージを紹介したい。

伊波普猷のメッセージ――「あま世」に込めた願望、祈り――

沖縄の歴史や文化に関する研究分野のパイオニアとして偉大な業績を残した伊波普猷（いは・ふゆう1876～1947）は、彼の遺著となった『沖縄歴史物語――日本の縮図』を次のような言葉でしめくくった。

地球上で帝国主義が終わりを告げる時、沖縄人は「にが世」から解放されて、「あま世」を楽しみ、十分にその個性を生かして、世界の文化に貢献することが出来る。
（1947年）

『沖縄歴史物語』が出版されたのは第2次世界大戦が終結した直後のことであり、この本を書いた伊波普猷は東京で暮らしていた。彼自身も東京大空襲で焼け出されており、友人宅に身を寄せて生きていた。その年の8月13日、彼は71年の生涯を終えるから、まさしく『沖縄歴史物語』は彼の遺書という位置を占めている。
伊波の言う「帝国主義」とは、軍事力や経済力を前面に掲げて、弱者や少数者を思い通りに支配しようとしてきたハードパワーのことである。「にが世」とは、「帝国主義」の重圧や支配によってもたらされたところの不幸な時代や社会のことであり、「あま世」はその対極にある時代や社会のことである。「帝国主義」が終わるとき、そのときにこそ、沖縄人は「あま世」の時代を迎え、みずからの持ち味を発揮して、世界の文化に貢献できるはずだ、と彼は述べた。日本のためだけに個性を発揮するのではない、世界のために貢献できるはずだ、と彼は言ったのである。

このメッセージが記されたとき、眼前の現実は不安と不透明感が支配していた時代であった。敗戦国日本は混乱期にあり、この先どのような道を歩むことになるのか、前途を展望できる状況ではなかった。彼の郷里である沖縄は、日本軍とアメリカ軍の激しい地上戦の舞台となり、住民の約25パーセントが戦死しただけでなく、琉球王国時代の伝統を伝える大半の歴史遺産もまた破壊されていた。アメリカ軍による沖縄占領が続くなかで、沖縄の将来はどうなっていくのか、全く不透明な状況であった。何よりも、郷里沖縄に関する正確な情報は東京にほとんど届いてはおらず、晩年を東京で迎えていた伊波には不安と混沌しか見えていなかったはずである。

先行きが全く見えないその状況下において、彼はあえて祈りに近いこのメッセージを記したのである。目前の現実はいまだ「帝国主義」が跋扈《ばっこ》していることを知りながらも、彼は絶望の言葉で著書をしめくくるのではなく、あえて願望の念を託し、その生涯を終えた。しかし、願望や祈りに近い彼のこのメッセージを、彼が生涯をかけて追究した仕事の文脈に即して考えると、その言葉は重い意味を持つ。

アイデンティティをめぐる二つのテーマ――同一性、独自性――

1879年春、近代国家の形成を目指す日本は、強引な形で琉球王国を廃止して沖縄県を設置し、その土地と人民を日本の領域に編入した。約500年の歴史を持つ琉球王国は消滅し、その土地と住民を対象とする日本化プロセスが始まった。旧制度は廃止され、住民は日本人意識を持つことを求められ、徐々に日本の国家体制への一体化が図られていった。伊波普猷は、日本化プロセスが進行するその時代に生まれ、成長した人物であった。彼は沖縄をめぐって進展する時代状況の中から課題を見出し、それをみずからが取り組むべき使命だと位置づけたうえで、多彩な活動を展開した知識人であった。

では、彼が課題として引き受けたテーマとは、一体何だったのだろうか?

その一つは、すでに日本という国家の一部に編入されている旧琉球王国の土地と住民を、現在という地点に立ちながら、どのように評価し位置づけることができるのかという問題であった。日本化プロセスが進展していく渦中において、沖縄に暮らす住民のあいだでは一種のアイデンティティ・クライシスと呼ぶべき深刻な問題が起こっていたからだ。「我々は何者なのか？」「なぜ、日本の一部なのか？」「日本という国家の中で、どのような位置を占める存在なのか？」という深い疑問が、次々と頭をもたげてきていた。このアイデンティティ・クライシスとも言うべき状況の中から沖縄住民を救出し、新たなアイデンティティを付与するための言説を構築することが、沖縄出身の知的エリート、伊波普猷に課せられた使命であった。

彼は、沖縄の歴史や文化を多角的に検討した研究成果に立ちながら、次のような新しいアイデンティティ論を主張している。

沖縄文化のルーツは日本文化であり、この二つの文化は同一の基盤から出発したものであった。琉球語と日本語の祖先は「日本祖語」であり、そこから長い時間をかけて琉球語と日本語に変化していった。その証拠に、「日本祖語」を反映する古い言葉は、むしろ琉球語のほうに数多く残っている。つまり、古い日本語を話していた沖縄および日本という二つの集団は、やがてそれぞれ変化を遂げるようになるが、ルーツは一つである、という基本認識を彼は主張した。したがって、琉球王国であった土地が沖縄県となったのは、琉球に対する日本国家の侵略や植民地化を意味するものではなく、両者は文化的側面から見て、同一の国家となるべき必然性を内包していたと考えるべきである。現在において、沖縄が日本の一部であり、そこに暮らす住民が日本人であることは、文化的に見て何の矛盾もない現実なのだ、と。

ようするに、沖縄県として日本の一部に編入されている目前の現実は、日本国家による侵略とその結果としての植民地状態なのではなく、日本という「文化的共同体」に一体化した現実なのであり、沖縄とそこに居住する住民が日本・日本人の一部であることに基本的な矛盾はない、と彼は明言したのであった。

しかし、伊波普猷は、もう一つの重要な主張を準備していた。

たしかに、現在において、沖縄は日本という近代国家の一メンバーであるとしても、沖縄には長い時間をかけて形成した独自の歴史や文化があり、そのことを無視したアイデンティティ論は不毛である、と。彼がその脳裏に想い描いていた日本という国家像は、独自の歴史的・文化的な蓄積を持つ沖縄という存在を内包しつつ、沖縄以外の他地域を合計したものとしての日本像であった。つまり、沖縄という個性を保持しつつ日本という大同に属している姿が、伊波の描く理念であった。この主張の説得力を高めるために、彼は、沖縄の帯びる独自性の根拠としての歴史や文化を徹底的に検討し、豊富な沖縄像を提示して見せたのであった。

したがって、沖縄の持つ独自性や特殊性を十分にふまえたうえで、沖縄は日本という全体の一部であるべきだ、と彼は主張したのである。

だが、戦争と敗戦によって、伊波が強調した二つのテーマは大きく揺らぐことになった。日本という全体の行方そのものが不透明となり、その一部である沖縄の位置づけもまた危うい状況になり始めたからだ。また、沖縄の持つ独自性という場合、それは日本という全体の中でこそ説得力を持つものであったから、その独自性は誰に対して発揮されるべきものなのか、そのこともはなはだ曖昧となった。つまり、日本という国家の行方が流動的となった状況下において、沖縄という存在やアイデンティティの定義もまた流動化したのであった。

そのような状況下において、実現性の薄い「帝国主義」時代の終焉を夢想したうえで、そのときに至れば、沖縄人はその個性を発揮して世界の文化に貢献できる時代、すなわち「あま世」の状態を享受できるはずだ、と彼は述べることしかできなかったとも言える。

「祖国」復帰が意味するもの、甦る伊波普猷

周知のように、伊波普猷の願望は、ほどなくして「帝国主義」そのものによって打ち砕かれた。敗戦国日本は独立と引き換えに沖縄をアメリカに提供し、アメリカによる沖縄の排他独占的な統治体制がスタートしたからだ。そして沖縄は、瞬く間に「帝国主義」の赤裸々な象徴ともいえる軍事基地の島に様変わりした。戦争以前の姿に比べると、沖縄は全く別の土地になったといえるほどの変貌を遂げたのである。

しかし、風景の劇的な変貌ぶりよりも、そこで暮らす住民の側の精神的な葛藤のほうがより深刻だったと思う。戦争による深刻な被害や敗戦後のアメリカ占領下での窮乏生活も深刻だっ

たが、ここではあえて精神的な葛藤の問題に着目しておきたい。

沖縄の統治者となったアメリカは、沖縄住民にとって「異民族」なのだが、では、「異民族」の統治を受けることになった我々は一体何者なのか、という深い疑問が当然のことながら浮上した。単純化して言うならば、近代において伊波普猷が引き受けねばならなかったアイデンティティ・クライシスに似た状況が、再び戦後において訪れたことになる。では、その危機から沖縄住民を救済しうる言説とは一体何だったのだろうか？　アメリカ統治時代を終わらせ、沖縄の置かれた状態を改善したいと希望したとき、同時にまた、自分たちのアイデンティティを回復したいと希求したとき、それらを包摂できる具体的な目標とは一体何だったのだろうか？

一時期の様々な葛藤を経たあとで、大多数の住民が一致した結論は、我々にとって日本は「祖国」であり、再び日本に復帰するという選択肢だったのである。その際の前提として存在したのは、個々の歴史事象に対する評価の問題は別として、日本の一部であった戦争以前の沖縄県時代（1879～1945）の蓄積や経験であり、「祖国」である日本の文化と沖縄の文化は基本的に同一であるという文化認識であった。統治者であるアメリカは明らかに「異民族」だが、「祖国」日本は沖縄にとって同一の「文化的共同体」であるという認識だった。

沖縄は日本の一部であるという伊波普猷の主張は、依然として「帝国主義」が支配するその時代において、有効な言説として再び甦ったのである。そして、紆余曲折を経たあとで、1972年5月15日、アメリカ統治時代に終止符が打たれ、再び「沖縄県」が復活した。

では、伊波普猷が強調したもう一つの主張、すなわち日本社会において沖縄は歴史的・文化的に強い独自性を持つ存在である、という論点はどのように扱われたのだろうか。

私の理解では、その論点を最も先鋭な形で表現したのは詩人の新川明の主張だったと思う。新川は、「祖国」日本への復帰を求める運動が内包する民族主義、あるいは国家主義的なイデオロギー性を批判する形をとりながら、日本という国家に容易に回収できないはずの沖縄の異質性を力説した。この異質性を鋭く問うことをせずに、日本への復帰を安易に目指す思想と行動を新川は批判したのであった。果たして日本は沖縄にとって「祖国」なのか？　そもそも日本という国家は、沖縄の我々にとっていかる本質を持つ存在と考えるべきなのか？　そのような根底的疑問を置き去りにした形での、日本復帰を目指す思想と行動は、果たして沖縄の持つ内実に依拠していると言えるのか？

新川明の問題提起は、一部の知識人に影響を及ぼしたが、「祖国」復帰を志向する大勢の前では有効な言説とはなりえなかった。とはいえ、彼の主張に含まれる基本的な論点、つまり沖縄の独自性や異質性に立脚した沖縄像を構築すべきだという問いは、日本復帰が実現した1972年以後の沖縄において、多くの知識人のあいだで「持続する問い」として継承され続けた。

伊波普猷の二つの主張、すなわち沖縄は文化的に日本の一部であるという主張は、日本復帰の思想的な根拠になりえたが、沖縄は日本に対して独自であるというもう一つの主張は、1972年の「沖縄県」復活以後の時間に持ち越されたのである。

2.「沖縄イニシアティブ」という問題提起

二つの前提、四つの命題

1970年代から沖縄歴史の研究に取り組んだ私は、伊波普猷から新川明に至る問題群を確認したうえで、沖縄と日本の関係、そして沖縄の独自性をめぐる論点に関して以下のような主張を行ってきた。

歴史家が歴史を語るとき、当の歴史家に与えられた立脚点は常に限られていることを自覚することから出発しなければならない。その立脚点とは、言うまでもなく現在という時点である。そのことが妥当であるならば、沖縄の歴史を語る際の第一の前提とは、日本から分断されアメリカ統治下にあった時代において、沖縄住民は、政治的独立やアメリカ統治の継続のほうを選択したのではなく、日本に復帰することを選択したという冷厳な事実である。第二に、日本への復帰が実現した1972年5月15日以後、現在に至るまで、沖縄住民の圧倒的多数は、沖縄が日本社会の一員であることを承認し続けており、道州制や自立性の高い行政形態を求める意見は存在するものの、日本からの離脱を主張する意見はごく一部にすぎない、という事実である。

この二つの前提を立脚点とするならば、沖縄の歴史は次のように総括することができる、と私は考えている。

【命題1】

沖縄の言語や文化の古層が、日本語や日本文化ときわめて近い親縁性を持つことは現在の学術研究においては通説となっており、この認識を根本的に変更しうるような説得力に富む反証は存在しない。

【命題2】

しかし、文化的ルーツが同じだとしても、沖縄は長い時間をかけて独自の歴史や文化を形成したのであり、その集約的な表現が琉球王国(1429〜1879)という存在であった。中国や日本という東アジアの両大国とのあいだに複雑な国際関係を持ちながらも、琉球王国は、沖縄の島々を統治する独自の主体であり続けた。

【命題3】

１８７９年春に、独自の政治主体であった琉球王国を廃止して、近代日本は王国の土地と住民を日本の領域に編入した。当初はこれに反対する多様な運動が展開されたが、やがて沖縄が日本に帰属することに表だって反対する政治的運動は起こらなかった。

【命題４】

沖縄戦（１９４５）において甚大な被害を被り、その後に日本から分断されアメリカ統治下に置かれるようになったが、沖縄住民は日本への復帰を選択し、その結果として現在に至っている。

日本ではなかった沖縄という自覚

以上に要約した四つの命題を確認したうえで、私は次のように沖縄の地域的な特質を規定した。

沖縄と日本のあいだに文化的な同質性があるにせよ、沖縄と日本はそれぞれ異なる国家体制を形成した。言い換えれば、沖縄はそもそもの始めから日本の一部だったのではなく、複雑な歴史プロセスを経て日本社会の一員となった地域である。このことを日本社会全体の視点から見ると、日本という国家的な枠組みは超歴史的に存在するものではなく、１８７９年に沖縄を編入し、第２次世界大戦後に沖縄を削除し、１９７２年に沖縄を受け入れるという契機を含みながら、今なお形成され続けているということになる。つまり、沖縄の日本への復帰は、すでに完成した事業なのではなく、今なおその途上にある、と言うべきなのである。

伊波普猷が力説した沖縄の独自性や、新川明が主張した沖縄の異質性とは、日本に編入される以前の沖縄の存在形態である琉球王国の問題であり、同時にまた、王国だった土地を日本に編入するプロセスが内包したところの問題である、と私は受け止めた。そのために、私の主たる研究関心は、独自性や異質性の明白な根拠であるところの琉球王国の実態の検討に集中した。日本ではなかった沖縄の内容を、その当時の歴史実態として捉えることに主眼を置いたのである。日本ではなかった沖縄を描くことによって、現在は日本であるという沖縄を相対化しておきたかったのである。

「沖縄イニシアティブ」とは何か

そのように沖縄の歴史を捉えたとき、では、これからの沖縄と日本のあり方をどのように考えるべきか、というきわめて重大な論点が浮上する。独自の存在であった沖縄が日本に編入され、日本によって削除され、そして再び日本に復帰するという過程において惹起《じゃっき》した諸問題を引用する態度のみに安住するのではなく、日本の将来のために、沖縄という独自の地域はどのような役割を発揮すべきなのか、という論点である。

2000年3月、私が中心となって発表した「沖縄イニシアティブのために——アジア太平洋地域のなかで沖縄が果たすべき可能性について」という問題提起のペーパーは、この課題を検討するためのささやかな意志表示であった。

「沖縄イニシアティブのために」というペーパーは、真栄城守定と大城常夫、それに私の3人で討議した内容を、私の責任でまとめたものであったが、そのコンセプトには歴史家である私の認識や主張が色濃く反映されている。

そのペーパーにおける主張の骨子は、以下の通りである。

1 近代・現代を通じて、日本という国家は沖縄を粗略に扱い、沖縄が秘めている根幹的な魅力を引き出すという努力を怠っていた。日本がアジア太平洋地域において責任ある行動主体となるためには、沖縄という地域の存在意義を正当に再評価し、沖縄の活用方法を真剣に検討すべきである。

2 沖縄自身もまた日本社会の一員として、同時にまたアジア太平洋地域の一員としての自画像を描きつつ、日本及びアジア太平洋地域のためにどのような貢献を果たすべきかについて、真剣に検討すべき時機を迎えている。

3 そのためには、沖縄自身が過去の歴史に対して過度な説明責任を負わすのではなく、沖縄の将来を見据えたうえで、どのように自らのイニシアティブを発揮できるかが問われている。

したがって、過去の歴史において様々な被害や抑圧、あるいは差別を被ってきたという沖縄の「地域感情」を、沖縄だけの主張に止めるのではなく、日本全体のために、同時にまたアジア太平洋地域のためにどう普遍化できるかが問われることになる。つまり、沖縄の「地域感情」を「普遍的な言葉」や言力（ワードパワー）に依拠して自己主張する態度が大事である。

④沖縄のアメリカ軍基地の問題は、太平洋戦争とその後の戦後世界体制がもたらしたという歴史的事情があるとはいえ、現在においては、日米安保体制の枠組みによって規定されているという現実を直視すべきである。つまり、国際社会の一員としての日本の安全保障のあり方をめぐる問題の一環なのであり、この論点を避けて基地の問題に向き合うことはできない。

⑤現在の日本国民の多数意思は、「専守防衛」を基軸とする自衛隊の存在と、日米同盟による安全保障体制を支持しており、またこれに連携する国際システムとしての国際連合主導による世界秩序維持体制に賛同している。このことをふまえたうえで、私たちは、日本の安全保障とアジア太平洋地域の安定にとって、日米同盟が果たしている役割を評価する立場に立つ。また、この同盟が必要とする限りにおいて、沖縄にアメリカ軍基地が存在するという現実を認める。さらにまた、平和的な方法によって国際紛争が解決できない場合、国連を介するぎりぎりの選択肢としての軍事力の行使も認める。

⑥沖縄に存在するアメリカ軍基地は、日米同盟に伴う安全保障体制の現実として展開しているのであり、沖縄の側は基地の存在自体を告発する立場に終始するのではなく、日米同盟の運用のあり方を厳しく問う当事者の役割を引き受けるべきである。つまり、同盟に伴う諸負担が沖縄に偏重していないか、基地から派生する事故や事件、騒音などによって沖縄住民の生活が脅かされていないか、といった問題について、生活者の目線で厳しく点検し続ける当事者でありたい。

⑦日本及びアジア太平洋地域において、沖縄が独自のガバナンスを保持し、沖縄が内包するソフトパワーを十分に発揮できる状況を構築したい。

以上のことを述べたうえで、「この島々が日本であって日本ではない、という多義的な価値づけが必要」だと指摘し、また、沖縄の「模索は、日本のあり方を視野にいれながらも、常にアジア太平洋地域に開かれたものとして追求されるべき」だと、私たちは力説した。

3. 当事者が持つべき緊張感

「沖縄基地問題」について、私は、すべてのアメリカ軍基地をただちに撤去せよという立場ではなく、日米同盟やアジア太平洋地域の安定が必要とする限りにおいて、沖縄に展開するアメリカ軍基地の役割を認めるという立場に立っている。同時にまた、沖縄住民の負担はあまりにも過重であり、すみやかに基地の整理や縮小・統合を進め、負担の大幅な軽減を図る必要がある、という立場にも立っている。そして最終的には、沖縄住民の多数意志が納得できる水準にまで基地負担を減らし、そのことによって安全保障上の沖縄側の役割分担を明らかにし、「沖縄基地問題」を終わらせるべきだと考えている。

しかしながら、ここ数年来の日本政府の「沖縄基地問題」に対する対応のあり方は、周知のように、沖縄住民のあいだに強い不信感を生んだ。日本の安全保障や日米同盟、あるいはアジア太平洋地域の安定のために沖縄のアメリカ軍基地は不可欠である、と主張する「政治の大義」に対する疑念が高揚したのである。しかし、それでもなお普天間基地の県内移設にこだわる日米両政府の姿勢に対して、「なぜ、沖縄のみに、相変わらず基地を押し付け続けるのか？」「我々沖縄住民が納得できる理由や根拠が、示されていない」という主張が高まっている。

その動きは、安全保障のあり方をめぐる政策やイデオロギー上の問題というよりも、特に、日本の中央政府による沖縄の扱い方に対する積年の不満や不信の表明という性格を帯びている。「日本の安全保障を確保するための負担や苦労を、沖縄のみに押し付けているのではないか」、という根本的な疑問なのである。その疑問は、沖縄がかかえてきたアイデンティティの問題を強く刺激しており、単なる基地問題には止まらない構図を描くまでになっている。

今この時点において、日本の政治が目指すべき検討課題は明らかだと言える。日本の安全保障のあり方を、日本国民全体でどう考えるべきだろうか。日米同盟やアジア太平洋地域の安定のあり方を、日本国民全体でどのように引き受けるべきだろうか。そしてまた、安全保障の運用に必要な諸負担のあり方を、日本国民全体でどのように引き受けるべきだろうか。そのような課題をめぐる議論や検討が深化していく過程において、では、沖縄という地域はどのような役割や負担を担うべきなのか、そのことも自ずから問われてくるはずである。つまり、沖縄を「犠牲者」として日本の安全保障体制が成り立つ姿ではなく、負担と役割の公平性の論理に基づいて、日本の安全保障体制が成り立つような状況を実現しなければならない。

歴史家としての私が主張してきたコンセプトに即して指摘するならば、「沖縄基地問題」は、在日アメリカ軍基地のあり方をめぐる日米同盟の運用上の実務的な問題に止まるのではなく、この問題を媒介としながら、日本という国の「かたち」を問う問題の域にまで達し始めている。「沖縄基地問題」を通じて、日本という国家のあり方を刷新するという覚悟がなければ、問題の本質は相変わらず先送りされるだけである。要は、問題の本質を直視できるほどのリーダーシップと、歴史に学びこれを活かすという緊張感が、日本の政治に内蔵されているかどうかという問題であると思う。

伊波普猷が願った「あま世」を沖縄にもたらす道筋を見出すためには、少なくとも、負担の偏重性を打破し、日本の安全保障をめぐる課題を、日本国民全体が真に共有できる状況を達成できるかどうかにかかっている。

追記――「普天間問題《イシュー》」を考える際の若干の要点

以上に述べた愚見は、2012年2月に脱稿したものである。英語に翻訳されることを前提に作成しており、The "Okinawa Base Problem" As Seen From History の題で、橋本晃和、マイク・モチヅキ、高良倉吉共編の The Okinawa Question（2013年12月刊）という英文の論集に収録された。この文章が日本語で発表されるこの機会を利用して、蛇足ながら若干の認識を追加しておきたいと思う。

2013年3月、私は琉球大学を定年退職し、4月から仲井眞弘多沖縄県政を支える副知事の職に就任した。そして14年12月9日までの1年8か月余、基地問題等の政治行政課題を担当した。周知のように、仲井眞知事は、沖縄防衛局から出されていたアメリカ海兵隊普天間飛行場の代替施設建設のための埋立て申請、すなわち名護市辺野古に所在する海兵隊施設、キャンプ・シュワブ周辺海域の埋立て申請を13年12月27日に承認した。その結果、多くの県民や政治勢力等の反発を招き、3選を目指して出馬した14年11月の県知事選において大敗した。私が副知事に就任したのは、沖縄防衛局から知事宛に埋立て申請が出された直後だった。仲井眞県政の運営に関与した者としての立場から、以下にいくつかの要点をメモしておきたい。

［要点1］公有水面埋立法等に基づく埋立て申請は、その事業目的が軍事施設の建設であれ、はたまた空港滑走路や工業用団地、スポーツ・レクレーション施設の建設であれ、しかるべき審査や手続きをふまえて知事が可否を判断する行政上の案件である。したがって、法に照らして審査が厳正に行われ、仲井眞知事の判断が妥当であったかどうかが、論ずべき点になる。

［要点2］　2期目を目指して2010年11月の県知事選挙に立候補した仲井眞知事はその選挙公約で、「一日も早い普天間基地の危険性の除去を実現」することを目的とし、そのために「日米共同声明の見直し、県外移設を強く求めて」いく、と強調した。「日米共同声明」（日米合意＝辺野古移設計画）の「見直し」を求め、「県外移設」を主張したのだが、日米合意そのものに反対だという立場には立っていない。普天間飛行場の帯びる危険性を除去する手段・方法としての日米合意＝辺野古移設計画を排除せず、その上でその移設計画の実現可能性に強い疑問を呈し、そのような案よりは県外の受け入れ可能な施設へ移設するほうがより現実的だ、としたのである。辺野古への移設は唯一の手段・方法なのではなく、別の選択肢、つまり県外施設への移設という手段・方法のほうがより現実的な解決策だ、と主張した。辺野古移設か、

それとも県外移設か、そのいずれを採るべきかという二者択一方式ではなく、普天間飛行場の一日も早い危険性の除去を図る手段・方法として、より現実的で、かつ実現可能性の高いアイディアは何か、という問題であった。

[要点3] 沖縄県内の世論は、辺野古への移設に反対し県外移設を求める意見が多数を占めており、各種の集会や要請活動においても県外移設が強く叫ばれていた。だが、県外移設を求める力強い諸運動は日米合意の見直しや撤回、言い換えると、辺野古移設計画を日米両政府に断念させるまでには至らなかった。また、県外移設が現実的な解決策だという仲井眞知事の主張も、同様に、日米両政府の方針を転換させるまでには至らなかった。そのような構図において日増しに高まったのは、仲井眞知事が埋立て申請を不承認と判断してくれさえすれば、日米両政府は辺野古移設の合意を撤回し、県外移設へと方針を展開する、という期待感であった。沖縄県内の様々な運動や主張が日米合意の変更を実現できなかったこと、仲井眞知事の県外移設論もまた同様であったこと、その状況下において、埋立て申請の取り扱いや知事判断に世論の関心が収斂することとなった。一部の意見では、知事の政治的な判断において埋立て申請を不承認とすべきだとの声も囁かれた。

[要点4] 申請の可否を判断する行政上の行為においては、しかるべき審査作業が終了すれば、結論を出さざるをえない。仲井眞知事は、事務方の作業成果を参照して、不承認とすべき

内容でなかったがゆえに、沖縄防衛局に対し埋立てを承認した。この事業の先に横たわる様々な困難を想定しつつ、県外移設のほうがより現実的な解決策だとの思いを堅持しながら、法や行政手続きに基づいて、行政の長としての職責を全うした。

［要点5］ 埋立て事業に対する承認を行ったからといって、普天間飛行場の危険性を早期に、どのように除去できるかという宿願が消えたわけではない。埋立て承認後の先に横たわる困難な諸事態を見据えつつ、問題の原点であるところの普天間飛行場の危険性をどのように除去できるか、そのための作業を具体化させなければならない。2014年2月に発足した普天間飛行場負担軽減推進会議（座長：菅義偉官房長官）と、その下で具体的な事項を協議する作業部会（座長：杉田和博官房副長官）は大きな一歩だった。政府と県・宜野湾市の当事者が同じテーブルを囲み、基地の危険性や負担状況を具体的に検討し、どのように問題点の改善が図れるかを協議する初の場だったのである。当然のことながら、そこで話し合われた事項についても政府サイドとアメリカ側の協議が不可欠であり、両政府間の交渉抜きに事柄を前進させることはできない。

［要点6］ 負担軽減推進会議を通じての大きな成果の一つは、すでに日米で合意されていた普天間飛行場の空中給油機（KC－130）15機すべてを、予定より大幅に前倒しして、山口県の岩国飛行場に移駐できたことである。また、日米地位協定の抜本的な改定を求めつつも、

それを補足する協定を追加することによって、アメリカ軍基地内の環境（特に環境汚染）や文化財等の事前調査が実施できるよう、日米間の協議が始まったことである。性急に事を決するというやり方もあるかもしれないが、基地問題に関しては一歩ずつ、確実に、具体的に改善の道を探る必要がある。

［要点7］仲井眞知事が求めた普天間飛行場の5年以内運用停止とは、私の理解によれば、同飛行場の周辺に居住する市民および県民の生活上の安心・安全を確保するために、それを脅かしているところの要素や機能を5年を目途に取り除く、という趣旨であった。脅威となる要素や機能とは何か、それを洗い出す作業を通じて、段階的に普天間飛行場の危険性の除去が図れたはずである。

［要点8］空中給油機15機のすべてを、前倒しして受け入れてくれた岩国市の決断に象徴されるように、沖縄が背負う基地の過重負担を軽減する目的のために、具体的な行動を伴う本土側の動きが各地で出始めている。2014年7月、沖縄県主催のフォーラムにアメリカ軍基地を抱える三沢市、神奈川県、岩国市、佐世保市の担当者を招いた。それぞれの地域の基地問題の実態を報告してもらうと共に、改善への取り組み状況を共有することができた。問題の共有と課題解決のための相互連携が必要であることは言うまでもない。

翁長雄志県政が誕生し、新たな基地問題への取り組みが始まった。沖縄の基地負担の過重をどのように改善できるか、普天間飛行場の危険性をどう取り除くことできるか、困難な課題は依然として山積したままである。新しい基地政策を推進する際に、翁長知事の問題意識の基礎に据えられるはずの安全保障観と、さらにその基盤となるはずの沖縄観（アイデンティティ論と呼び換えても良い）がどのように構築されるのか、そのことを注視し続けたい。

OKINAWA

Ⅱ部

あなたは「沖縄の人《ウチナーンチュ》」を知っていますか

SOLUTION

第3章

[問]「沖縄の人《ウチナーンチュ》」と「本土の人《ヤマトゥンチュ》」の関係

橋本晃和

1.「沖縄クエスチョン」とは何か

「不自由・不平等・不公正」三つの属性

なぜ「沖縄クエスチョン(Okinawa Question)」と名付けたのか。「沖縄クエスチョン」とは何かに触れなければならない(「沖縄クエスチョン日米行動委員会」については資料2に記す)。本文で述べているように今まで沖縄には、①「銃剣とブルドーザー」による不当な私有地の占拠の結果、人間としての「自由」を暴力的にはく奪されてきた生活環境、②人間としての基本的人権と「平等」を欠いた裁判の繰り返し(両国間で取り交わされている「日米地位協定」では、起訴される前なら米軍が犯人の身柄を手中にできることになっている)、③米軍基地が小さな面積の沖縄県に集中していることによる、日常生活に支障をきたす市街地での過激な騒音、過重な基地負担のなかで、傷害、窃盗、レイプ事件、環境破壊などの「公正」を著しく欠いた状態が今も続いている。

今述べたような実例は、今日まで70年に及ぶ事件簿の氷山の一角に過ぎない。まして県民一人ひとりが基地の存在から受ける「①不自由、②不平等、③不公正」は計り知れない。この結果、引き起こされた様々な感情の歴史的累積が沖縄固有の属性となって身体内にまとわりついている。

この「不自由・不平等・不公正」の属性をこのまま放置しておくとどうなるか。１９７０年のコザ暴動以上の壮絶な事件に発展しかねないと懸念される。

「沖縄は事件の点と点が線となって56年間に蓄積されて大きな歴史のマグマを抱えている。穴をもう一つあけると何が飛び出してくるかわからない」（２００１年の稲嶺知事の発言より）状況が２０１５年の現在も続いている。

辺野古大浦湾周辺での海底ボーリング調査は現在続行中であるが、今後の展望は予断を許さない。たとえ埋立て工事が完成しても、懸案の問題（プロブレム）処理がうまくいったというだけで、県民の「同意」を得たことにはならない。言い換えれば、辺野古埋立てが「沖縄問題」として処理されただけで、問われている「沖縄クエスチョン」に応えたことにはならない。「沖縄クエスチョン」とは沖縄や沖縄の人たち（ウチナーンチュ）が本土の人たち（ヤマトゥンチュ）に今、「問」うていることは何かということである。「沖縄クエスチョン」は「沖縄問題」ではない。「沖縄問題」であるならその争点が解決したら問題はなくなって終わるはずである。いまだに終わらないのは「問」いである「沖縄クエスチョン」が「問」いとして問われ続けているからである。何が「問」われ続けているか、沖縄と日本との「関係」及び「関係」のあり方が問われ続けているのである。この両者の「関係」が持っている属性が「不自由・不平等・不公正」であり、三つの属性が集積されて差別されているという認識がヤマトゥンチュが持つ「差別的意識」であるとウチナーンチュが思っている。

「差別的意識」とは、その根拠

この「差別的意識」が沖縄に向けられていることは容易に理解できる。普天間の移設先が自分たちの住む県内の辺野古でなくて、県外を求めている人たちが圧倒的に多いのは、なぜ沖縄だけが加重負担をいつまでも背負いこまなければならないのか。少しは本土の人たちにも負担を分かちあってもらえないかというわけである。本土の私たちはあまりにも無頓着すぎはしないか。「問」われているのは本土の対沖縄への意識である。この「本土の人」と「沖縄の人」への意識も翁長知事の登場によって〝揺らぎ〟出したことに注目したい。普天間飛行場の辺野古移設問題について、「本土の人」は安倍政権の対応を「評価しない」（55％）が、「評価する」（25％）を初めて倍以上に上回ったのである（朝日新聞全国調査2015年4月18、19日）[注1]。

政権批判に転じた「本土の人」の新たな民意は今後どのような深まりを見せるか注目したい。というのは、自分たちの住んでいる地域に基地が移設されることに「反対」の意思は変わらないからである。沖縄への米軍基地の集中は「やむをえない」（43％）と「おかしい」（45％）が拮抗している[注2]。

私自身は「関係」は出会いによって発生し、行為によって現実化すると考えている。ウチナーンチュとヤマトゥンチュの「関係」が先にあったのではない。様々な歴史的変遷のうえに基地を押しつけられたという行為があって初めてウチナーンチュとヤマトゥンチュの現在の「関係」が出来上がったのである。「関係」とは出会うという行為があって初めて成立する。その行為がウチナーンチュの存在を規定している。一方、ヤマトゥンチュの存在はウチナーンチュの存在とは異なる。まさに出会いが両者間の矛盾を生んだのである。

「差別」の構成要素である「不自由・不平等・不公正」から脱却することは沖縄の人たちの権利であり、日本政府の責任である。その権利の主張は、主体性（Substantiality）を持ったものでなければならない。即ち自分たちは日本及びアジアの安全保障にどのような係わり合い、「関係」を持つのか、『歴史』に支配されたままでいることでなく、現在に生きる者としてその責任と主体に立脚して『歴史』および未来にどう向かい合うか」（高良倉吉他『沖縄イニシアティブ』のために」：アジア・パシフィック・アジェンダ・プロジェクト「沖縄フォーラム」2000年3月において）という発想が不可欠である。本文（第一章）の第3期（2005〜）以降、このような発想が沖縄の「属性」と結びついて、歴史の新たなる「沖縄アイデンティティ」として根をおろしつつある（「沖縄アイデンティティ」の項参照）。

2．「差別的状況」解消へのアプローチ

沖縄の持つ「機能」「能力」が阻害されてきた

第2次世界大戦後、沖縄が強いられてきた「不自由・不平等・不公正」という「差別的状況」は、ヤマトゥンチュからの「差別的意識」であるとウチナーンチュは思っている。このことは現在の沖縄に何を語りかけようとしているのか。

それは沖縄への「差別的意識」として定着し、沖縄の発展を妨げているという現実である。それはまた沖縄の人たちが本来持っている、あるいは持つべき発展の機会や能力を奪ってきたという歴史的事実に目を向けるべきである（第1章参照）。

そこでアマルティア・セン（Amartya Sen）教授の社会科学のコンセプトで沖縄の「問」い

にアプローチしてみよう。教授によれば、「機能」(Function)とは、人の「福祉」("Well-being")、暮らしぶりの良さ)を表す様々な状態(〜であること、〜どのような存在でありうるか)や行動(〜できること、〜何をなしうるか)を指す。具体的には「健康である」「教育を受けている」「生きがいを持っている」「適切な栄養を摂っている」などである。より幅広く捉えれば「自尊心を持っていられること」「社会制度に参加できること」なども含まれる。「機能」はまさに人の「福祉」を直接表すことになる(『不平等の再検討――潜在能力と自由』岩波書店、1999年より)。

所得や効用や資源などは、人の「福祉」の手段や結果を表すものであって、人の「福祉」そのものを表していない。

このようなある人が選択することができる機能の組み合わせ、集合あるいは人々が達成できる生き方の幅(すなわち自由)を「能力」(Capability; ケイパビリティ)という。

従って、この「能力」が大きいほど価値ある選択肢が多くなり、行動の自由も広がる。ところが「差別的状況」を受けてきて、できることが限られる場合には「能力」はそれだけ小さくなる。沖縄への「差別的状況」をアマルティア・セン教授による「能力」アプローチに従えば、沖縄の持つ「能力」の発揮が阻害され、沖縄の持つべき成長や発展の機会や能力が奪われてきたことになる。

このことがより具体的に実証される注目すべき調査が沖縄県で実施されている（第8回県民意識調査平成24年度実施）。生活に関する意識調査項目で、県民の「重要度」が高いにもかかわらず「充足度」が低い項目はまだ施策達成度は低いことになり、「能力」が達成されていないことになる。達成されない最大の要因は第一に、「自由・平等・公正」を奪われてきた歴史的事実である。具体的にあげれば、「自由」を奪われていたり「教育」を受ける機会がいまだに奪われていたり、「雇用」の機会が与えられてこなかったりが原因で「機能」していないことになる。

「暮らし」に関する72項目を調査したところ、施策達成度が低い順の三大項目は、継続している調査項目の中では

①老後不安のない年金取得

②収入が着実に増える

③失業の不安がなく働ける

であった。

平成24年度で初めて採用した「教育」に関する6項目は前回との比較はできないがいずれも重要と思っているのに、満たされていないという施策達成度が極めて低いことがわかった（沖縄県企画部「第8回県民意識調査報告書くらしについてのアンケート結果」平成26年3月）

「重要度」の上位49項目の中で「教育」に関する新規の調査項目は以下の通りであった。

「地理的、経済的要因等に左右されない公平な教育機会が確保されていること」

「沖縄の産業発展を担う人材の育成が図られていること」

「個々の優れた能力や感性を育む教育環境が充実していること」

「子どもたちの健全育成が図られる教育環境がつくられていること」

「社会に出る上で必要な資質を身に付けられる教育環境が整っていること」

「平和を願う沖縄の心が次世代に継承され、世界に発信されていること」


平成27年度に行われる第9回の調査結果が待たれる所以である。施策達成度の結果が上昇していれば、ウチナーンチュの潜在的「能力」が発揮されてゆくことになり、「沖縄21世紀ビジョン基本計画」の推進に資することになる。さらに言えば、県民の諸目的を追求する「自由」の幅が広がり、より「平等」で「公正」な社会への機能が与えられることになる。このことは「差別的意識」を持たれているというウチナーンチュの感情が薄れてゆくことを意味する。さらに言えば、「沖縄アイデンティティ」意識にも変化が表れ、ヤマトゥンチュの感情との接点が図られるであろう。

東洋から西洋から日本、沖縄の「道義」を論じる

まず、「関係」アプローチと「能力」アプローチの相違と類似について述べておこう。

筆者は今日まで東洋生まれの禅仏教のコンセプトの手法と、西洋生まれの社会科学コンセプトの（アマルティア・セン教授）手法の双方を使って、21世紀日本のニューパラダイムを構築しようと努めてきた（拙著『21世紀パラダイムシフト――日本とこころとかたちの検証と創造』冬至書房、2007年）。

本書は、この二つの手法を土台に「沖縄」に焦点を当てた21世紀日本のニューパラダイム構築の一役を担うものとなることを信じて筆をとった。二つの手法・アプローチは類似しているが、内実は当然異なる。片や人間の生き方を「個」に立脚し、他者あっての自己という「関係」に焦点を当てた禅仏教コンセプトのアプローチであり、片や「個」の「福祉」（Well-being）に直接立脚し、ひとは〝どのような存在でありうるか〟〝何をなしうるか〟という「機能」（Function）と、ひとがこれらの「機能」を達成する「能力」（Capability）に焦点を当てた西洋哲学コンセプトのアプローチである。

前者の東洋からのアプローチを「関係」アプローチと名づけ、後者の西洋からのアプローチを（多くの訳者と同様に）「能力」アプローチと名づけることにする。「沖縄」を論じるとき、

なかでも「差別的状況」を理解するには、両者のアプローチが類似し、ともに有効であることに驚かされる。

「差別的状況」を構成する三大根拠が「不自由、不平等、不公正」であること今まで述べてきた。

沖縄が蒙ってきた「不自由、不平等、不公正」をいかにして克服していくか、まさに「人の行うべき正しい道」(広辞苑)としての「道義」が問われていることになる。

「道義」とは何か。禅仏教の視点に立てば、「道義」とはなすべきことをなすことであり、縁起するものとの「関係」のあるべき姿を見極めることであろう。ヤマトゥンチュがウチナーンチュと「道義」的関係を結べるかどうかが問われている。そのために何が必要か。「自由」であり、「平等」であり、「公正」であることが必要不可欠である。また沖縄側から言えば、本土をどこまで納得させられるかである。カネに専一的に依存しすぎた本土へのアプローチは今や限界にきていると述べてきた。何をどうするか。そのための必要不可欠な予算はどれくらいかという「機能」に立脚したアプローチが望まれる。また阻害されてきた「能力」の幅を広めることは沖縄の将来に重要な条件であり、そのためにこそ予算が計上されるべきである。

このような「能力」アプローチが進めば、「不自由・不平等・不公正」が取り除かれてゆくことになる。

この時、ウチナーンチュが問われるのは、「自由」に「責任」が伴うということであり、「平等」を要求する根拠としての「正義」が問われることになる。「自由」について、ひと言述べておこう。「自由」とは読んで字の如く、自分に理由があることと書く。自分の行いに、なすべき理由がないのは、したいことをしているだけの無責任というものだ。平等についてもひと言述べておこう。差別をつけないのが「平等」とすれば、格差が広がらない「平等」の行政が現在、どこまで行われているか。今一度、再点検すべきである。沖縄における脱貧困へのあり方が問われることになる。

このことは、特定の人だけ利益を享受するのでなく、だれに対しても公平に扱おうとする「公正」の問題に行きつく。アマルティア・セン教授は、自由、平等に加え、社会的、経済的福祉(Well-being)の増進がなされてはじめて「公正」としての「正義」が達成されると説いた。

このような「関係」アプローチと「能力」アプローチの双方による「道義」論は、原発の処理や再稼働、広がる格差、安全保障と憲法など現在の日本全体の「問」に対しても問われ続けていることである。

3. かみ合わぬ「関係」の構図

政府と沖縄の言い分の違いが浮彫りに

菅義偉官房長官と沖縄県の翁長雄志知事との会談が、2015年4月5日、ようやく実現した。

まず当日の両者の言い分を簡単にふり返っておこう。

菅義偉官房長官

・普天間飛行場は市街地の中心部に位置し、周辺を住宅や学校に囲まれている世界で一番危険な飛行場である。固定化はあってはならない。

・従って、日米同盟の抑止力の維持を考えた時に、辺野古移設は唯一の解決策であるといえる。

・引き続き、負担軽減の経済政策を進め、信頼感を取り戻していきたい。

翁長雄志沖縄県知事

・沖縄は今も全国面積のたった0・6%に74%の米軍専用施設が置かれている。現在の「普天間」が「辺野古」に移設されても、74%のうち1%未満の減少である。(73・8%→73・1%)

・沖縄の米軍基地はすべて強制接収された。自ら奪っておいて、その危険性除去のために（引き続き）沖縄が負担しろ、（他に）お前たちは代替案を持っているのかと。こういった話をされること自体が、日本の国の政治の堕落ではないか。

官邸と沖縄のかみ合わない「関係」の構図の原点は何か——。

官邸側は、「辺野古への移設が沖縄の負担軽減になっている。また他に方法がないではないか」というのに対し、県側は「同じ県内に移転するだけで、これは基地のたらい回しにすぎないではないか」というわけである。この両者の認識ギャップは極めて深刻である。県側は同じ県内に移設することが、沖縄の負担軽減になるとは全然考えていない。それどころか、相変わらず、県内移設という沖縄県だけに過重な負担を押しつけるやり方は、もはや「差別」以外の何ものでもないではないか。「差別」をしていない、あるいは気づいていないというならその意識こそが「差別」していることの表れではないかと考える。

これでは基地の「差別的状況」は何ら変わることなく「差別的意識」となってむしろ高まるばかり、このことが引き続き〝沖縄が負担しろとは日本の国の政治の堕落ではないか〟という知事の激しい言葉は、県内移設は「差別」であると言うよりさらに重い内容を訴えているように聞こえる。これでは「不自由・不平等・不公正」の属性は改善されない。ところが、官邸側はそのことに気がつかないか、気がつかないふりをしていると県側は受けとったと思われる。この一点にかみ合わない両者の「関係」の構図の原点が浮彫りにされた。このかみ合わない「関係」の構図は、知事がコンクリート製ブロックによるサンゴ礁の損傷を理由に辺野古沖での作業停止を指示した後も、政府の方は指示を無視して海底ボーリング調査を続行中であることに既に表れている。

では、かみ合わない「関係」の構図の解消はどうすればできるのか。

現在の覚醒された「沖縄アイデンティティ」の下で、負担軽減だと言って政府が経済振興策にいくら力を入れて成果を上げたとしても、かみ合わない「関係」の構図は解消には向かわないであろう。今、ウチナーンチュは〝自分たちはどのような存在でありうるのか〟〝何をなしうるのか〟（アマルティア・セン教授の「機能」）ということに面と向かい合っている。具体的には「自分たちの尊厳が守られている」「私達は差別されていない」など、まさに「能力」（ケイパビリティ）アプローチに立脚していることになる。

「今なすべきは目に見える処方箋」で述べているように（第5章「2．提言『海兵隊移設プラン』：橋本プロポーザル」参照）、一刻も早く「普天間飛行場の5年以内の運用停止」に向けた道筋・アプローチの実施が待たれる所以である。

(Endnotes)

注1　調査方法は2015年4月18、19日の両日、全国（沖縄県を含む。福島県の一部を除く）と沖縄県それぞれの有権者を対象に、コンピュータで無作為に作成した番号に調査員が電話をかける「朝日RDD」方式で調査した。世帯用と判明した番号は全国3901件、沖縄1894件。有効回答は全国1894人、沖縄1109人。回答率は全国49%、沖縄59%。

注2　同上の朝日新聞世論調査の次の質問による結果である。質問「沖縄には、在日米軍の基地や施設の74%が集中しています。この状態は本土に比べて、沖縄に犠牲を強いていることになり、おかしいと思いますか。地理的、歴史的にみてやむを得ないと思いますか」に対し沖縄県だけでは「おかしい」が67%、「やむを得ない」が26%と本土とかなりのギャップがある。

ここで〝沖縄クエスチョン〟（「沖縄クエスチョン日米行動委員会」日本側座長橋本晃和、米国側座長マイク・モチヅキ（ジョージ・ワシントン大教授）、座長代行高良倉吉（元琉球大学教授））の歩みを、日米同盟と沖縄県民意の視点から記述しておこう。

仲井眞弘多氏（当時、沖縄電力社長）から私に2002年の終わり頃、「安全保障を沖縄の視点から論じあう日米有識者会議を作ってはどうか」と言われた。

早速、マイク・モチヅキ教授と高良倉吉教授に相談を持ちかけて、03年春頃には、〝沖縄クエスチョン〟の第1回メンバーの日米両国11人が出揃い、同年10月橋本龍太郎元総理を招いて「沖縄クエスチョンと日米同盟」と題して、東京でワークショップを開催した。

日米行動委員会の米国側委員から普天間基地が世界一危険な基地と報告を受けたラムズフェルド長官は、2003年11月に沖縄基地を視察した。04年3月にワシントンDCで第1回のシンポジウムを開催した。私たちが危惧した通り、同年8月13日にCH－53Dヘリコプターが沖縄国際大学へ墜落した。

第2回「沖縄クエスチョン2006」は、「中台関係・日米同盟・沖縄——その現実的課題を問う」と題して、アジア・太平洋に目を向けた。

第3回「沖縄クエスチョン2009」は、「日米中トライアングルと沖縄クエスチョン——安全保障と歴史認識の共有に向けて」と題して歴史認識に目を向け、上海の有力シンクタンク、研究所から3人の有識者を招いて意見交換をした。

第4回「沖縄クエスチョン2011」は「地域安全保障・日米同盟・普天間」と題して、解決できないままの普天間移設に再び焦点を当てた。フィナーレとなった2011年9月は、仲井眞知事がキーノートスピーチを行い、「普天間基地は県外に」と初めて米国で1996年以来の日米両国の懸案である普天間飛行場代替施設（FRF）に関する県民の思いを代弁した。

知事スピーチは日本の特派員や日本大使館からは半信半疑の目で見られたが、米国国務省やペンタゴン、有識者は知事発言を重く受け止めたと思われる。

「沖縄クエスチョン日米行動委員会」12年の歩み

それは、財政逼迫《ひっぱく》で軍事費削減も例外ではないという米国財政支出の見直しと、中国軍のアジア・太平洋への進出に対応すべく新国防戦略が必須という新事態と深くリンクしたものである。

一連の「沖縄クエスチョン」の最後の締めくくりとして、２０１３年12月12日マイク・モチヅキ教授と橋本晃和は『沖縄クエスチョン　普天間、日米同盟と地域安全保障』の出版（英語版）を記念してワシントンＤＣナショナルプレスクラブで記者会見した。そこで、普天間をめぐる閉塞状況の打破に向けて、解決のカギを握る五つの現実を指摘し、辺野古移設に賛成か、反対かの二者択一の発想を超えた普天間を終わらせるための解決への現実案を訴えた。

2011年9月19日沖縄クエスチョンワシントンシンポジウム（ジョージ・ワシントン大学）。右から高良倉吉座長代行、マイク・モチヅキ米側座長、日本側座長である筆者

本稿は、この「沖縄クエスチョン２０１１」を土台として、その後加筆したものである。

「沖縄クエスチョン」のシンポジウムにおいて講演をいただいた方々及び執筆された方々に日米行動委員会を代表して改めて心から御礼を申し上げる次第である（橋本晃和、マイク・モチヅキ、高良倉吉以外の方々を肩書き、敬称を略して以下に記させていただきます）。

橋本龍太郎、仲井眞弘多、佐藤行雄、加藤洋一、伊奈久喜、小川和久、大城常夫、シーラ・スミス、マイケル・オハンロン、村田晃嗣、マイケル・スウェイン、トーマス・ライク、小島朋之、田中均、富川盛武、エレン・フロスト、中兼和津次、楊大慶、陳雲、王少普、呉寄南、ロウリン・ヒュー

OKINAWA

Ⅲ部 あなたは「普天間」を知っていますか

SOLUTION

第4章　普天間をめぐる閉塞状況の打破に向けて

マイク・モチヅキ

1995年9月4日、米海兵隊キャンプ・ハンセン基地に近い沖縄北部の町で、3名の米軍人が12歳の小学生女子を誘拐・暴行した。この恐ろしい暴力行為は、沖縄における米軍の存在に対する県民の新たな抗議に火をつけた。[注1] 9月22日には県庁所在地である那覇市で、数百名の女性が「米軍よ、野蛮人になるな」「私たちは野蛮人を許さない」という横断幕・プラカードを掲げて、雨のなかを行進した。10月21日、約8万5000名が宜野湾海浜公園に集まり、在沖米軍基地反対の意思を表明した。この抗議集会は沖縄史上最大であり、警察が当初予想した5万名を超える規模となった。

この新たな地元からの反対の声には、米軍駐留という形で沖縄県民が強いられている「不当な重荷」に対する人々の長年の不満が現れていた。沖縄県は日本でも最小規模の県であるにもかかわらず、米軍専用の施設・区域の約74%、米軍人員の約68%が同県に集中している。沖縄における反基地運動の活性化だけでなく、米軍の日本駐留に対する世論の支持が急速に低下していくことに日米の政治家は危機感を抱いた。そこで、こうした不満に対処するため、日米両国政府は1995年9月、米軍駐留に伴う沖縄の負担を軽減するため、「沖縄に関する特別行動委員会」（SACO）を立ち上げた。

1996年12月、SACOは最終報告を提出し、このなかで日米両国は、県内米軍施設・区域の総面積のうち、約21%を沖縄県に返還することで合意した。SACO最終報告のなかで恐らく最も重要なのは次の約束だろう。「今後5〜7年以内に、十分な代替施設が完成した後、普天間飛行場を返還する」[注2]。この約束が尊重されるのであれば、普天間は2003年までには返還されていたはずである。SACO最終報告から17年、目標期限であった03年から10年を経て、日米両国政府が努力を重ねてきたにもかかわらず、普天間返還という目標は画餅《がべい》に帰してしまった。

本章では、普天間返還をめぐる長年にわたる閉塞状況を明らかにする。普天間飛行場に関する若干の背景を説明し、日本、沖縄、米国によるこの問題の処理をめぐる政治的な紆余曲折を検証したうえで、最後に普天間基地をめぐる閉塞状況を打破する分析フレームワークを提示する。

1. 普天間海兵隊飛行場の背景

1945年4月から6月にかけての沖縄戦以前、今の普天間航空基地が置かれている場所は、宜野湾村（現・宜野湾市）と呼ばれる丘陵地帯だった。宜野湾・神山《かみやま》・新城《あらぐすく》・中原《なかはら》・真栄原《まえはら》の各地区で構成され、1944年の総人口は約1万3000名だった。サトウキビ、サツマイモを栽培するよく灌漑された畑地があり、役所、店舗、小学校もあった。沖縄本島の北部・南部を結ぶ交通の要所であり、松並木のある美しい街道が走っていた。15世紀に創建された普天間宮が置かれ、琉球王国の王・官僚らが毎年拝礼に訪れていた。[注3]

太平洋戦争末期、米軍は予定していた本土侵攻に向けた兵員・物資・弾薬を輸送するため、宜野湾市に滑走路を設けた。原爆投下ののち日本が降伏したため、この基地が本来の目的のために使われることはなかったが、1950年6月に北朝鮮が韓国に侵入した後にダグラス・マッカーサー将軍が設立した国連軍司令部（UNC）の一部として利用された。UNCの本部は東京に置かれた。日本は52年4月に主権を回復した後、朝鮮半島における国連軍の作戦に向けた日本国内での兵站《へいたん》支援の提供に関して、米国との間で覚書を交わした。普天間航空基地は国連軍地位協定に基づいて国連軍司令部基地として日本及び沖縄で指定された7カ所の米軍基地の一つとなった。[注4] こうした背景のもと、米軍はこの施設を、2400メートル級滑走路（その後2700メートルに延長）を要する航空基地へと拡張した。54年には防空用にナイキ対空ミサイルが配備された。その後米空軍は、近隣の嘉手納空軍基地を補完する形で、この飛行場を迎撃戦闘機中隊の拠点として使用した。[注5]

さて、沖縄における米海兵隊の存在はどうであったか。沖縄に準恒久的な形で配備された海兵部隊はかつての沖縄戦に参加した部隊ではなかった。沖縄戦で重要な役割を演じた第6海兵師団（6MD）は、日本の降伏後、中国の青島《チンタオ》に派遣された。青島占領が完了した後、6MDは解散した。[注6] 最終的に、沖縄における海兵隊の主力となったのは第3海兵師団（3MD）である。

3MDはグアムの戦い（1944年7月〜8月）、硫黄島の戦い（45年2月〜3月）に参加した後、グアムに戻って日本本土侵攻に備えていた。本土侵攻が行われなかったため、3MDは1945年12月に編成解除となっている。朝鮮戦争を背景に同師団はカリフォルニア州キャンプ・ペンドルトンで復帰編成された。3MDは朝鮮戦争の戦地には向かわなかったが、53年、極東防衛の支援を任務として日本に派遣された。[注7]

1954年7月、米国政府は3MDを日本本土から沖縄に移転することを決定した。この決定には多くの要因が働いている。米国はポスト占領期、日本が独自の防衛力を整備し、冷戦において米国を支援することを望んでいた。米国の視点からすれば、日本国内の地上軍を削減すれば、日本の主権回復後も米軍が駐留していることに対する地元の反発が和らぎ、それによって、冷戦において中立的な立場をめざす日本国民の傾向に歯止めをかけられる可能性があった。さらに、沖縄は引き続き米国の施政権下にあったため、沖縄で海兵隊のプレゼンスを維持する財政的コストは、日本本土の場合と比べて大幅に低くなると思われた。[注8] 沖縄の位置も戦略的な利点ではあったが、その点への配慮はさほど大きくはなかった。というのも、朝鮮半島で不測の事態が再発することを考えれば、日本本土に残しておくほうが戦略的な根拠として説得力が高かったからである。結局、海兵隊の沖縄移転の鍵となったのは、政治的・経済的な理由だった。

1956年3月、3MDは沖縄に移動し、60年、普天間航空基地が海兵隊に移管された。65年から69年にかけて、3MDはベトナムでの軍事作戦に参加する。69年11月にベトナムから撤退した3MDは、沖縄のキャンプ・コートニーに移動し、帯同する第1海兵航空団（1MAW）、第36海兵航空群（MAG36）は普天間飛行場を拠点とすることになった。[注9] これらの部隊は現在、沖縄を拠点とする第Ⅲ海兵機動展開部隊（ⅢMFF）に所属している。

普天間に配備されている海兵隊部隊は、MAG36の他、1MAW司令部及び司令部飛行隊、基地の航空指揮管制部隊である第18海兵航空管制群（MACG－18）がある。2013年1月時点、基地に常時配備されている航空機は56機前後であった。そのうち固定翼機が19機（KC－130空中給油兼輸送機15機、UC－35、C－12作戦支援機）、回転翼機が25機（CH－46

E中型ヘリ12機、CH－53E大型ヘリ5機、AH－1軽攻撃ヘリ5機、UH－1Y指揮連絡ヘリ3機）である。12年10月、MV－22オスプレイ垂直離着陸機12機が普天間に配備された。[注10] 13年に12機のMV－22オスプレイの第2団が到着し、主要な輸送機としてヘリコプターにとって代わった。

普天間航空基地の面積は約480ヘクタール（1200エーカー）で、宜野湾市の総面積の約4分の1を占める。敷地の約91％は民有地で、地主の数は3396名である。地主に支払われる年間賃料は約6800万ドルである。[注11] 宜野湾市は約9万4000名の住民を抱える人口稠密《ちゅうみつ》な都市に成長した。現在では住宅、公共施設、商業地域が基地を囲んでおり、基地の近くには多数の学校、公民館、病院もある。施設の近隣でこれほど多くの人々が住み、日常生活を送っていることから、多くの識者は普天間航空基地を「世界で最も危険な軍事基地」と呼んでいる。そのため、地元住民は1980年代からこの基地の閉鎖を要求してきた。

2. 民意の葛藤、基地の〈全面撤去〉から〈整理縮小〉へ

SACO報告と海上基地というオプション

1995年9月の少女暴行事件を受けて、SACOが沖縄の基地負担を軽減する方法を模索

しているなかで、96年2月24日、橋本龍太郎首相はカリフォルニア州サンタモニカでビル・クリントン大統領と短時間の会談を行った。日本側の官僚による強い諫止《かんし》を押し切って橋本首相が普天間返還の話題を持ち出したところ、クリントン大統領はこれに前向きな姿勢を示唆した。[注12] この頃、日本の国会議員のなかには、海兵隊の一部をグアム及びハワイに移転させることにより、沖縄における海兵隊のプレゼンスを低下させるという構想を検討する動きがあった。だが同96年2月、中山太郎元外相率いる自由民主党訪米団がこのオプションを米政権関係者に持ちかけたところ、強い抵抗に直面することになった。[注13] 外務省・防衛庁の官僚も、米国による拡大抑止が弱まることを恐れて、この構想に反対した。

サンタモニカでのクリントンとの会談に続いて、橋本首相はウォルター・モンデール駐日大使と普天間問題の処理について協議した。クリントン大統領と橋本首相は1996年4月中旬、「サンタモニカの場合に比べ」（訳者注：以下同じ）より公式な会合で顔を合わせ、冷戦終結後における日米同盟の重要性を確認する日米安保共同宣言に調印した。この首脳会談の時までにSACOは中間報告を発表しており、そこでは「今後5～7年以内に、十分な代替施設が完成した後、普天間飛行場を返還する」ことが求められていた。飛行場の「軍事上きわめて重要な機能及び能力」を維持するため、SACO中間報告は、以下の要件を示していた。すなわち、（1）沖縄県内の別の米軍施設・区域にヘリポートを建設する、（2）嘉手納空軍基地に追加的

な施設を整備する、（3）岩国空軍基地にKC－130空中給油機を移駐する、である。[注14]

ヘリポートは「沖縄県内」に建設されなければならないと明言したことにより、SACO報告は、新たなヘリ施設が沖縄県外に置かれる可能性を閉ざしたように思われた。だが、「代替施設」の性質と沖縄県内における立地を決めることは簡単な作業ではなかった。SACOは特別作業部会を設け、三つの具体的な代案に着目した。すなわち、（1）嘉手納空軍基地にヘリポートを収める、（2）キャンプ・シュワブにヘリポートを建設する、（3）海上施設（SBF）を開発・建設する、である。

日本側は、嘉手納空軍基地の広大な敷地内に海兵隊のヘリポートを建設することを主張した。米国側は以下の理由により、嘉手納案を拒否した。（1）嘉手納に海兵隊のヘリを移駐させると現地での騒音レベルが上がり、この不可欠な軍事拠点周辺での反基地活動を刺激しかねない、（2）ヘリと戦闘機を同一の航空施設で運用すると航空管制が複雑になる、（3）海兵隊と空軍の双方が嘉手納を使うことになると、特に有事の際に、問題の生じるレベルまで活動量が増大してしまう、の三点である。[注15] 橋本首相が支援する日本政府側は、「杭式桟橋方式」（QIP）による撤去可能な海上ヘリポートを支持する傾向を示した。他の者は、メガフロート方式または埋立地に施設を建設することを提案した。[注16]

SACOプロセスが始まった時点では、比較的小規模なヘリポートでも十分であるという考え方も一部にあった。このことは、1996年4月の中間報告で嘉手納空軍基地内、またはキャンプ・シュワブ内にヘリポートを建設するという選択肢が言及されたことに示されている。だが海兵隊は、指定でも1200〜1300メートル級の滑走路を持つ基地が必要であると主張した。海兵隊は、この新しい施設でいずれは新型のMV－22オスプレイ垂直離着陸機を運用することを想定していたのである。[注17] この要求により、キャンプ・シュワブに小規模なヘリポートを建設するという選択肢は排除された。だが96年12月、SACO最終報告が発表される頃には、日米両国政府は1300メートルの滑走路を含む全長1500メートルのSBFを建設することを決定していた。SBFの場所は沖縄本島東岸沖とされた。SACO最終報告は、沖縄県民の安全と生活の質を高め、米軍の運用能力を維持し、施設が軍事用としての必要性を失った場合には撤去可能であるという点から、SBFが最善の選択肢であると主張していた。

SACO最終報告が発表された直後、日本の防衛官僚は、沖縄本島北部に位置する名護市辺野古のキャンプ・シュワブ沖にSBFを建設する準備作業を開始した。この場所には、海兵隊のキャンプ・シュワブに近く、人口密集地域からは遠いという利点があった。偶然にも、かつてこの地に海兵隊航空施設を建設することが提案されていた。米海軍の委嘱を受けたコンサルタントが、すでに1996年にはこの計画をまとめていたのだが、結局実現しなかったのである。[注18]

日本政府は、魅力的な開発振興補助金を提示することで、辺野古をはじめとする名護市がこの計画を受け入れるよう説得を試みた。経済不振に陥っていた名護では、この提案に対するポジティブな反応も見られたが、SBFへの地元の反対は高まり、住民投票が請求された。名護市は1997年12月、法的拘束力のない住民投票を実施し、53%近くが辺野古へのSBF建設に反対した。住民投票の後、ヘリポート建設を支持していた比嘉鉄也名護市長は、住民投票の結果にかかわらず依然としてSBF建設を支持すると表明して、突如、市長を辞任した。翌98年2月に行われた名護市長選の2日前、革新派の大田昌秀沖縄県知事はSBF反対を表明した。ギリギリのタイミングで大田知事の介入があったにもかかわらず、名護市長選では保守派の岸本建男が僅差で勝利した。日本政府の支持を得た岸本は地元経済の問題に重点を置き、SBF反対を強調した対立候補を破ったのである。注19

普天間代替としてのSBF建設を巡って沖縄県内・名護市内で政治的対立が深まっただけでなく、SBFの導入については米政界でも困難に直面した。1998年3月2日、米会計検査院(GAO)は、辺野古へのSBF建設計画を厳しく批判する報告書を発表した。GAOは、「日米両国政府は(1)施設の実現・維持に巨額のコストを要する、(2)構想されているタイプ・規模のSBFは過去に建設例がなく、大きな技術的課題が生じる、(3)海兵隊による研究で述べられているように、構想されているSBFは米国の運用上のすべての要件を満たし最大限の安全性マージンを確保するには不十分であり、運用上の困難が生じる、といった問題に直面するだろう」と述べている。GAOはSBFの設計・建設費用を40億ドル、年間約2億ドルになると試算している。これに比べ、米国が負担している普天間航空基地の維持費用は年間約280万ドルである。[注20]

稲嶺惠一知事による軍民共用空港案

大田昌秀知事がSBFに反対したのは、結局のところ、彼の強い平和主義志向によるものだった。1995年9月の少女暴行事件の後、大田知事は米軍用地の賃借契約更新の承認を拒否し、米軍基地なき沖縄のビジョンを明言した。この一貫したスタンスは、もちろん多くの沖縄県民の心を動かした。県民の多くは、日米安保のために沖縄が強いられている重い負担に憤っていたからである。だが、米軍基地に対してもっと穏健な立場をとる県民もいた。在沖米軍の削減を求めつつも、彼らは米軍の沖縄からの完全撤退は現実的ではないと考えていた。彼らは、沖縄の経済発展に向けた力強い政策を支持していた。

1998年11月の沖縄県知事選の時点では、沖縄は深刻な不景気に悩まされていた。［この選挙では］3期目をめざす大田知事に稲嶺惠一が挑んだ。沖縄経済界のリーダーであった稲嶺は、大田の経済政策の失敗を批判し、自分であれば県の発展のため中央政府との結びつきを取り戻せると主張した。このキャンペーンは有権者の共感を呼び、稲嶺は得票率52・4％（大田は47・2%)で勝利した。

普天間代替施設(FRF)の県外移転にこだわった大田とは対照的に、稲嶺は沖縄県内での新基地建設を容認していたが、SBF案には反対していた。代わりに彼が支持していたのは、もっと大きく、2500メートル級の滑走路を持つ軍民共用可能な空港を埋立地に作ることだった。稲嶺は、そうした軍民共用空港があれば本島北部の経済は活性化すると考えていた。本土企業にとって有利な契約をもたらす撤去可能なSBFに比べて、沖合埋立てによる基地のほうが地元の建設会社にとってもビジネスチャンスが広がるだろう。稲嶺知事は、岸本名護市長と手を組んでこの案を推進した。この選択肢を沖縄県民にとってより魅力的なものにするため、稲嶺は米軍による施設使用期限を15年とすることを求め、岸本市長もこれを心から支持した。[注21]

東京・沖縄間の長い交渉の末に、日本は2002年7月、稲嶺の意見の多くを盛り込むかたちで辺野古のFRF案を固めた。住宅地上の航空機騒音を減らすために沿岸からある程度の距離を置いて珊瑚礁を埋め立て、軍民共用の空港を建設するというものである。空港は全長約2500メートル、全幅730メートル、2000メートル級の滑走路を持つとされた。この施設は辺野古の中心から少なくとも2・2キロ離れていた。[注22] だがこの計画は、米国の反対する米軍使用期限15年に沖縄がこだわったことで揺らいだ。[注23] さらに日本の主要航空会社は、提案された空港を利用することにほとんど熱意を示さなかった。あるメディアの報道では、この沖合

施設の利用全体のうち、商用はわずか5・4%に留まると試算していた。[注24]

3. 海兵隊のグアム移転と沖縄のジレンマ

在日米軍再編協議とV字型案

辺野古沖の軍民共用空港案が15年間の使用期限をめぐって勢いを失うなかで、日米両国は2002年12月、在日米軍再編協議（DPRI）を開始し、9・11同時多発テロ事件以降の安全保障環境の変化に対応するため、アジア太平洋地域における米軍の配置と日米同盟の転換についての見直しに着手した。DPRIは、ドナルド・ラムズフェルト国防長官が国外での米軍のプレゼンスを徹底的に見直すべく01年に発表した「地球規模での米軍見直し」の一環だった。DPRIは波乱含みのスタートを切った。米国防総省が突然、陸軍第1軍団司令部をワシントン州からキャンプ座間（神奈川県）に移転させたいとの希望を表明したのである。日本側の官僚は憂慮した。この米側の動きは、日本を専守防衛以上の軍事的役割への統合を一気に推進し、集団的自衛権の行使を禁じた従来の憲法の原則を克服するよう日本に求める兆候ではないか、と。[注25]

DPRIプロセスを支援するため、ラムズフェルド国防長官は2003年11月に沖縄を訪れ、稲嶺知事と会談した。稲嶺知事は、米軍駐留に伴う沖縄の過重な負担を軽減するための7項目の要請を行った。稲嶺の発言はラムズフェルドを苛立たせるように思われたが、普天間航空基地を上空から視察した際、ラムズフェルドは、この軍事基地の近辺で最近まで事故が起きていなかったことに驚きを示したという。[注26] そして、04年8月、事故は起きてしまった。米海兵隊のCH-53D「シースタリオン」ヘリが普天間に近い沖縄国際大学のキャンパスに墜落したのである。搭乗していた3名の米乗員は軽傷を負った。幸い、地上でも死傷者は出なかった。この事件は日米両国政府にとって、普天間閉鎖に向けてもっと精力的に動く必要性を痛感させる契機となった。

ヘリ墜落事故の後、基地建設に反対する環境保護主義者は、沖合施設案のための現地調査を妨害するため、辺野古周辺の水域にボートを送り込んだ。将来的に海上で抗議参加者との衝突が起き犠牲者が出ることを懸念し、小泉純一郎首相は防衛官僚の守屋武昌のアドバイスに従い、2002年の沖合案を考え直すことを決めた。当時、防衛庁トップである事務次官だった守屋は、DPRIプロセスについて、在日米軍を再編し沖縄の負担を減らす絶好の機会だと考えていた。[注27] こうして日米両国政府は、DPRIプロセスをより良い形で再スタートさせた。在日米軍施設の再編をめぐる二国間協議は、長期的な戦略構想と米軍・自衛隊の役割・任務・能力(RMC)を含む、より包括的なフレームワークに包摂されることになった。[注28]

基地再編協議における日本側の実務レベルでの交渉チームを率いた守屋は、キャンプ・シュワブ沿岸に航空基地を建設する案を強く推した。そうした施設であってもやはり埋立ては必要だったが、沖合施設の場合に比べ、反基地活動家から建設現場を守りやすいという利点があった。だが米国の官僚はこの案に難色を示した。沿岸に基地を建設すればヘリその他の航空機が住宅地の上空を飛ぶことになり、地元住民の怒りを買う可能性があった。名護市を含め沖縄県の政治指導者らは、こうした米国の立場に賛同しているようだった。また彼らは、政府担当者が事前に何の相談や情報提供もなしに、この新たなコンセプトを地元に押しつけてくることを不快に感じていた。名護市の幹部は、稲嶺知事主導のもと県のイニシアチブとして浮上した2002年の沖合案を依然として支持していた。このように県内の強い抵抗と米国の懐疑的な姿勢にもかかわらず、小泉政権は基地を陸上に近づけることに固執した。日米両国政府は最終的に、V字状の航空施設をキャンプ・シュワブ沿岸の埋立地に一部がかかる形で建設することで合意した。V字上に配置された2本の滑走路があれば、人口の多い地域を回避する飛行パターンが可能になる。注29

2006年5月の「再編実施のための日米のロードマップ」は、普天間代替施設（FRF）及びその他の在沖米軍施設だけでなく、神奈川県のキャンプ座間、東京都の横田空軍基地、山口県の岩国空軍基地などの基地を含む広範囲のものだった。特に沖縄に関して重要なのは、IIIMEF所属の海兵隊員約8000名とその家族9000名を、14年までにグアムに移転させるという計画だった。これはつまり、公称1万9000名〜2万名である［在沖］海兵隊の規模が約40％削減されるという意味である。1990年代末以降、沖縄に配備される海兵隊の平均人員は約1万5700名だった。[注30] 移転される部隊は、ⅢMEF指揮部隊、第3海兵師団（3MD）・第3海兵兵站群（3MLG）・第1海兵航空団（1MAW）・第12海兵連隊（12MR）の各司令部だった。沖縄に残留する海兵隊は、海兵空陸任務部隊（MAGTF）の要素（司令部、陸上、航空、戦闘支援）及び基地支援能力である。同06年5月の再編ロードマップによれば、日本は海兵隊の再編に必要なグアムでの施設・インフラ整備の費用となる推定102億9000万ドルのうち60億9000万ドルを負担することになっていた。日本は、沖縄における海兵隊のプレゼンスを減らしたいという願いから、この財政負担を引き受ける意欲を示していた。

苦渋の選択で、仲井眞弘多県知事誕生へ

だが、海兵隊員8000名のグアム移転という計画は、沖縄県における米軍の大きなプレゼンスに対する県民の不満に対応する取り組みというだけのものではなかった。そこには戦略的な根拠もあった。中国の軍事力強化に対応して、米国の国防計画担当者は、グアムにおける空軍・海軍、そして海兵隊のプレゼンスを拡大することで、同島を軍事的なハブ（軸）へと整備したいと考えていた。これによって、沖縄からグアム、ハワイへと至る重層的な防衛線が生まれることになる。[注31]グアムは、米国の艦船・航空機・兵員をアジアの戦地に「殺到」させるための部隊集結地になりうる。また、米軍は災害救援を含む緊急事態に迅速かつ効果的に対応するための柔軟性を得られるだろう。[注32]

2006年5月の在日米軍再編に関する日米の基本合意によって、沖縄はジレンマに悩まされることになった。沖縄県民にとって、一方では、ようやく海兵隊の人数が劇的に削減されるという見通しがついたことは朗報だった。だが他方で、辺野古崎沿岸で、陸地に近く埋立てを要する航空基地が建設されることは喜べない。しかし、それがグアムへの海兵隊移転の前提条件だった。稲嶺知事の引退を受けて同年11月の沖縄県知事選に出馬した仲井眞弘多は、稲嶺同様に沖縄経済界の出身であり、沖縄の経済発展に力を入れることを公約した。仲井眞の対抗馬である糸数慶子は「革新」陣営を代表しており、基地問題を強調し、辺野古沿岸への基地建設を撤回し、普天間航空基地の機能を海外に移転することを提案した。仲井眞のほうが辺野古案を受け入れに前向きに見えたが、彼は普天間基地周辺の危険をできるだけ早く解消し、3年以内に同航空基地を閉鎖すると主張した。また彼は、辺野古沿岸基地案の修正（恐らくもう少し海側に移動させる）を求めることも示唆した。県知事選で仲井眞は得票率52・3%で勝利した（糸数は46・7%）。

辺野古の新基地を沿岸から遠ざけるという仲井眞の意向は、交渉における米国の当初の立場に近づくものだったが、米国政府は２００６年の合意を変更することを拒否した。少しでも手を加えれば、微妙なバランスで到達した妥協が崩れかねないと懸念したためである。また仲井眞は、普天間基地の危険性を解消し、3年以内に同航空基地を閉鎖するという要求についても、何の影響力も及ぼせなかった。08年11月にバラク・オバマが米大統領に選出されたことは、普天間問題について米国政府がもっと柔軟になるのではないかという期待を生んだが、やがてその期待はかき消された。翌09年2月、日米両国政府は在沖海兵隊のグアム移転に関する合意に署名したが、そこには、06年5月のロードマップに規定された普天間代替施設（ＦＲＦ）の完成に関して「目に見える進捗」があることが部隊移転の条件であると明記されていた。日本の国会はすぐさま09年5月13日に「グアム協定」を批准し、正式な条約としての法的拘束力を与えた。こうして協定は日本をＦＲＦ計画案に拘束する効力を持つことになったが、しかしこの頃、与党である自由民主党が次回総選挙で敗北し、辺野古沿岸基地案をあまり支持していない民主党が勝利する公算が高まっていたのである。

鳩山首相の「普天間県外移転」公約の遺産

２００９年8月の選挙で民主党が大勝したことで、沖縄の期待が再び高まったのは確かである。鳩山由紀夫首相が普天間基地を沖縄県外に移転させると約束したことで、沖縄をめぐる政治的論争は根本的に変化した（46頁を参照のこと）。地元住民は、日本政府がようやくのことで米国に抵抗して沖縄の利益を推進してくれるものと信じた。

日米双方の「民主党」政権に政治的な親和性があるものと勘違いした鳩山は、オバマ政権に対し、2006年5月の辺野古案を見直すよう働きかけた。だが彼が直面したのは、米政府からの強い反発だった。オバマは「チェンジ（変化）」を強調していたとはいえ、彼の政権は、対日政策については前任のブッシュ政権を継承することを選択していた。またオバマの側近は、鳩山政権のもとで日本の外交政策が憂慮すべき転回を見せていると考え、警戒心を抱いた。彼らの視点からすれば、鳩山の東アジア共同体構想は、東アジアからの米国の排除、あるいは少なくともその役割を低下させるもののように思われた。また鳩山が、独自性のある外交政策や、米国とのより対等な同盟を求めていることは、米政府においては、日本が米国と中国を「天秤にかける」ことを模索するものと解釈された。[注33] こうした状況のもとで二国間の基地再編協定について再交渉することは米国にとって戦略上の大きなリスクだったのである。

普天間基地の県外移転に向けた鳩山の努力は、政治力のなさと官僚の抵抗によって台無しになった。鳩山首相が必要なリーダーシップを発揮しなかったため、民主党内部でも強力なコンセンサスを構築できず、閣僚が誤解を招く発言をすることを抑えるだけの統制力もなかった。安保政策担当の官僚トップらも、鳩山の冒険を支持して辺野古案に対する有効な代案を見つけ、米国を説得して態度を軟化させようと努力するのではなく、米国側に強硬姿勢を崩さぬようアドバイスして足を引っ張った。政権内で孤立し、米政府からの圧力も受けた結果、鳩山は2010年5月、沖縄県民に対する約束を撤回し、既存の辺野古案を受け入れた（資料1参照）。鳩山は突然の政策転換について、辺野古の新基地は抑止力のために必要だと述べた。[注34]

謝罪のために沖縄を訪れた鳩山に、落胆した地元住民は強い怒りをぶつけた。政治的な信用を失い支持率も急降下するなかで、鳩山首相は2010年6月1日、突然辞任を発表した。自らが退くことで、翌7月に迫った参院選で民主党が有利になればという思いだった。辺野古案への回帰を鳩山政権が決めた直後に琉球新報が沖縄県内で行った世論調査によれば、84％が普天間基地の辺野古移設に反対し、71％が沖縄には海兵隊の存在は不要であると考えていた。[注35]

一方、普天間移設問題に関して日米両国間に軋みが生じるなか、名護市では2010年1月24日に市長選挙が行われた。岸本建男の病気による辞任を受けて後継となった島袋吉和は、仲井眞知事と同様に、海側に少し移動させることを条件にV字状の辺野古沿岸基地案を受け入れるという姿勢だった。だがこの姿勢は地元住民の間では不人気であり、島袋は選挙期間中、基地問題を論じることを避け、経済問題に集中した。一方、対立候補の稲嶺進は、積極的に辺野古案への反対を叫んだ。稲嶺は島袋に対し、1万7950票対1万6362票の差で勝利した。

名護市で基地反対派の市長が選ばれたことで、普天間航空基地の辺野古地区への移設にとって、もう一つ政治的な障害が増えたのである。

民主党主導の中央政府が辺野古案の受け入れを決めた後、沖縄県内のすべての市町村の首長が反対を表明した。こうした状況のもとで、仲井眞知事が辺野古崎沿岸にV字状基地を建設するための埋立てを承認することは実質的に不可能になった。それは自ら政治生命を絶つことに等しかった。仲井眞は2010年11月の県知事選で反基地派の候補である伊波洋一を破り、何とか再選を果たした。伊波は普天間航空基地を擁する宜野湾市の元市長である。沖縄の景気が低迷するなか、経済発展を重視する仲井眞の姿勢は、依然として有権者の心をつかんでいたのである。だが12年6月、仲井眞県政は逆風に見舞われた。県議会選挙で県政与党が過半数を獲得できなかったのである。県議会が辺野古移設反対派に支配されるなかで、知事としては、辺野古移設への対案を模索することによる普天間問題解決に力を入れる以外、選択肢はほとんどなかった。仲井眞知事は公式発言のなかで繰り返し、普天間航空基地の機能の代替地を県外に見つけるほうがはるかに早道であると強調した。

海兵隊配備計画の変更と進展

菅直人首相、そして次の野田佳彦首相率いる日本政府が沖縄と対立する一方で、米連邦議会の有力議員らは基地移転計画に疑問を抱き始めた。２０１１年４月にジム・ウェブ上院議員（民主党、バージニア州選出）とともに沖縄を訪れたカール・レビン上院議員（民主党、ミシガン州選出）は、同年５月１日に次のようなメディア向け声明を発表した。

「再編実施のための日米のロードマップに調印した２００６年以来、状況は大きく変化した。予定されたスケジュールはまったく非現実的である。いくつかのプロジェクトに伴う推定コストは大幅に増大しており、今日の厳しさを増す財政状況ではとうてい拠出不可能だ。沖縄及びグアムの政治的現実、そして２０１１年３月の地震・津波による災害により日本が負担する膨大な財政負担についても考慮しなければならない」[注36]

レビン、ウェブ両上院議員は、ジョン・マケイン上院議員（共和党、アリゾナ州選出）の賛同を得て、以下の代替案を提示した。

・グアムに関する海兵隊戦力再編実施計画を改定し、司令部要素は常駐、戦闘部隊は他の場所を本拠としローテーションで配備するものとし、島外の訓練拠点を検討する。

・費用のかさむ代替施設をキャンプ・シュワブに建設するのではなく、嘉手納の空軍アセット（資産）の一部をグアムのアンダーセン空軍基地及び／又は日本の他の拠点に分散しつつ、海兵隊普天間飛行場の海兵隊アセットを嘉手納空軍基地に移動させる可能性を検証する。

この上院議員3名は嘉手納空軍基地案を復活させているように見えるが、彼らの提案は、嘉手納駐留の空軍アセットの削減を提唱することで、嘉手納空軍基地周辺の地元住民の懸念に対する配慮を示している。上院議員3名による提案があってからまもなく、GAOは、2006年5月の再編合意を実施するためのコスト総額が約291億ドルに上ると試算する報告を発表した。[注37]

辺野古案に対する沖縄県民の抵抗を緩和する試みとして、野田首相は2011年9月26日、国庫からの沖縄振興予算の拠出に関する政府の制限を撤廃する方針を発表した。これはしばらく前から沖縄が求めていたことだった。[注38] 翌12年4月になると、米国が柔軟な姿勢を示す。「第Ⅲ海兵機動展開部隊（ⅢMEF）の人員の沖縄からグアムへの移転及びそれによる嘉手納空軍基地以南の用地の返還の双方を、普天間代替施設（FRF）の進捗からは切り離す」ことを決定したのである。

また2012年4月の日米共同声明も、海兵隊の配備計画を大幅に書き換えるものだった。2006年5月のロードマップと異なり、MAGTFは、沖縄だけでなくグアム・ハワイにも配備されることになった。ⅢMEF、第1海兵航空団（1MAW）、3MLGの各司令部は、グアムではなく沖縄に残ることになった。改定された計画のもとで、グアムは第3海兵遠征旅団（3MEB）司令部、第4海兵連隊（4MR）、ⅢMEFの航空・地上・支援要素を受け入れ、第31海兵遠征部隊（31MEU）は引き続き沖縄を本拠とすることになった。さらに米国は、オーストラリアにもローテーションにより海兵隊を配備することになる。この計画改定の正味の結果として、沖縄からは約9000名の海兵隊員が日本国外に移転し、グアムに配備される海兵隊の人員は約5000名になる。さらに臨戦態勢をとるMAGTFは沖縄に集中するのではなく、［太平洋］地域一帯に分散することになる。いずれも沖縄では歓迎された。

4. 仲井眞知事の葛藤と安倍政権の登場

自民党、政権復帰後の戦術

海兵隊削減は、沖縄における普天間代替施設（FRF）建設の進捗には左右されなくなったのである。だが、2012年4月の声明のうち、それ以外の側面はさほど魅力的ではない。たとえば、大規模な沿岸開発プロジェクトのための理想的な立地として県が目をつけているキャンプ・キンザー（牧港《まきみなと》補給地区）の返還時期については、声明では曖昧にされている。その後、13年4月に発表された沖縄基地統合計画は、落胆すべき内容だった。牧港補給地区の返還が完了するのは早くとも24年、あるいはそれ以降になる。さらに、普天間航空基地返還の目標時期は修正され、22年以降とされた。注39 また２０１２年12月からＭＶ－22オスプレイ垂直離着陸機の普天間配備が開始されることは、地元住民の憤激を招いた。

２０１２年12月の衆議院議員選挙で自民党が政権に返り咲いたあと、安倍晋三首相は仲井眞知事に対し辺野古案を受け入れさせるため、着々と手を打ってきた。13年3月、安倍政権は沖縄県に対し、計画されている辺野古沿岸基地を建設するために必要な埋立てプロジェクトに関する正式な申請を提出した。その後、その年の7月の参議院議員選挙でも勝利を収めた自民党は、沖縄県選出の自民党国会議員及び沖縄の自民党県連に辺野古案を支持するよう圧力をかけた。また県経済界への働きかけも進めている。安倍政権関係者は、辺野古案が進展しなければ、唯一の選択肢は普天間航空基地をいつまでも使い続けるだけだと主張している。仲井眞知事の主要な支持基盤を辺野古支持に結集させれば、結局は知事も埋立て申請を承認するだろうというのが安倍政権の読みだった。一方、11月には、稲嶺名護市長が県知事に対し、埋立てを承認しないよう公式の要請を提出した。翌14年1月に予定されていた名護市長選挙で稲嶺が再選されることがあれば、仲井眞知事が名護市の反対を押し切って辺野古移設計画を承認することは極めて困難になるだろう。そこで安倍政権は、名護市長選より前に埋立て計画を承認するよう知事に圧力をかけた。

埋立て申請承認の波紋

2013年12月27日、仲井眞知事は多くの沖縄県民に衝撃を与えた。日本政府による、辺野古における海兵隊航空基地建設のための埋立て申請を承認したのである。県民は、仲井眞知事が10年に再選された際の「普天間航空基地の県外移設をめざす」という公約に違反したと受け止めた。仲井眞は公然と辺野古移設計画への反対を表明したことはなかったが、「県外、ただし国内への移設が「普天間基地」問題を迅速に前進させるための最も理にかなった道」であり、「海兵隊普天間飛行場の辺野古移設計画を見直さなければならないと信じている」と繰り返し述べていた。[注40] したがって、多くの沖縄県民がこれを仲井眞知事の裏切りと考えたのは意外ではない。

仲井眞の決断の裏には恐らく複数の要因がある。一つには、仲井眞知事は、「公有水面埋立法を厳密に解釈すれば、辺野古移設が普天間問題の解決に向けた最善の選択肢だとは考えられないというだけの理由で埋立て申請を不承認とする権限は自分にはない」と考えていた可能性がある。2010年に知事に再選された後、彼は日本政府に対し、それまでに検討した様々な代替移設案を公開し見直すよう求めていたが、ほぼゼロ回答に終わった。また鳩山政権時の混乱の後、仲井眞には、米国に対し06年の基地再編計画の見直しを求める意志が日本の首相にあるとは信じられなくなった。さらに仲井眞知事は、安倍政権は過去の自民党政権とは違ってF

RFプランの推進に強くコミットしており、仮に沖縄県が埋立て申請の承認を拒否すれば、安倍首相は本気で沖縄に対する補助金を削減してくるだろうと考えていたであろう。だが、恐らく仲井眞知事が最も真剣に危惧していたのは、自分が辺野古移設計画を阻止したら、普天間航空基地の運用が続き、今後長年にわたって近隣住民に危険を与え続けるのではないかという展望である。

そこで仲井眞知事は、間近に迫った埋立て申請への承認に向けて、地元沖縄県民の理解を得るべく、安倍首相に対する四つの要請を表明した。（1）米軍が5年以内に海兵隊普天間飛行場の運用を停止すること、（2）米軍が7年以内にキャンプ・キンザーを全面返還すること、（3）米軍はMV-22オスプレイのうち、少なくとも半分を即時、普天間基地の運用終了後は全機を県外配備とする、（4）日米地位協定を改正し、環境・考古学的な理由に基づく県職員による基地内の調査を認める、である。また仲井眞知事は安倍政権に対し、県内の鉄道敷設、大学新設、那覇空港の第2滑走路建設、米国から返還された土地の原状回復に向けた財政支援も要請した。

安倍首相は追加的な財政支援を提供することに同意し、仲井眞知事の四つの要請の実現に向けて最善を尽くすと示唆した。だが、沖縄県内も含め日本の識者の多くは、知事が首相と行った取引は、確かな約束に相当するものではないと考えていた。米国政府は辺野古に代替施設が

2015年4月17日、安倍首相との初会談に臨む翁長雄志沖縄県知事（左）
（写真提供：共同通信）

完成するより前に普天間基地の運用を停止することには強く反対した。安倍政権は密かに、一部のオスプレイの暫定的な配備先として、本土における数カ所の候補地を検討していたが、米国はこの案に強く抵抗しているようだった。さらに米国政府は、沖縄県職員による基地内調査という考えは受け入れていたものの、日米地位協定の公式改定には引き続き消極的だった。在沖米軍のプレゼンスに関する四つの要請について、明確かつ有意義な進展が見られなかったことで、「埋立て申請を承認することは正しい判断である」という県民の理解を得ようとする仲井眞知事の努力は実らなかった。

橋本晃和教授による章（第1章）で論じられているように、仲井眞の決断に対する沖縄県内での政治的な反発は厳しかった。2014年1月の名護市長選挙では、辺野古基地建設に対する積極的反対を公約に掲げた稲嶺進が再選された。さらに、10年には仲井眞の再選に向けた選挙運動を仕切っていた翁長雄志が、代替施設に対する断固反対を宣言して、かつての盟友に対抗して沖縄知事選に出馬することを決めた。保守から革新まで幅広く連帯した有権者の支持を獲得した翁長は、14年11月の知事選において、10万票差で仲井眞を破った。

辺野古地区を含む名護市の稲嶺市長は、すでに、辺野古プロジェクトを遅らせるために地方自治による対抗措置を駆使していた。現在、翁長知事は、有権者からの確かな負託を受けて、プロジェクトの初期計画の変更・修正を求める中央政府からの要請を承認することを拒否することで（これだけ複雑な事業では、そうした変更・修正が多数に及び、かつ不可避であろう）、新基地の建設を遅らせる公的な権限を駆使している。さらに、2014年12月14日の衆議院議員選挙において沖縄の全四選挙区で辺野古基地に反対する候補者が勝利を収めたという事実は、どれだけ多くの沖縄県の有権者が現在の基地建設計画に反対しているかを示している。辺野古計画を頑固に進めれば県内世論はいっそう強く反対し、沖縄における既存の基地反対運動は過激化し、嘉手納空軍基地など戦略的にさらに重要な米軍基地を甘受しようという沖縄県の気持ちも衰えかねない。

5. 変化する米海兵隊のプレゼンス

抑止力と在沖米海兵隊の任務

辺野古に普天間代替施設（FRF）を建設する現行計画の支持者は、自説の根拠として抑止力という概念を持ち出すことが多い。鳩山由紀夫首相は県外または国外に代替候補地を探していたが、日米両国の安全保障政策専門家は、沖縄における米海兵隊のプレゼンスを維持することが抑止力の点で不可欠だと主張した。中国の急速な軍拡と日本周辺での活動強化、また北朝鮮をめぐる不安定な状況ゆえに、1990年代半ばに日米両国政府が普天間基地の移設を検討した頃に比べて、在沖海兵隊の抑止的な役割は高まっている、というのが多くの専門家の意見だった。鳩山首相が2010年5月、最終的に従来の基地再編計画に同意したとき、彼は自らの気まずい方針転換を弁解するために、まさに「抑止力」という言葉を口にした。[注41] 実際のところ、抑止力という意味で、辺野古にV字型の航空基地を建設することがどの程度必要なのだろうか。この問いに答えるには、アジア太平洋地域全体における米軍部隊の配置の変化を検証する必要がある。

アジア重視の「リバランス」政策を通じて、オバマ政権は日本などアジア太平洋地域の同盟国に対する安全保障面での関与を強化している。「リバランス」政策によれば、現在、海軍資産はアジア太平洋地域と大西洋戦域とで50対50と均等に配分されているが、これを変更し、2020年までに60％の海軍部隊をアジア太平洋地域に配備することになる。こうした海軍資産の再配分により、正味で、戦術空母1隻、駆逐艦7隻、沿海域戦闘艦10隻、潜水艦2隻が増強される。[注42] 沿海域戦闘艦のうち4隻は17年までにシンガポールに配備される。空軍兵力に関しては、リバランス政策以前の段階で、すでに空軍資産の60％がアジア太平洋地域に配分されており、F－22戦闘機60％を含め、この配分比率が維持される予定である。だが、アフガニスタンにおける兵力削減に伴い、アジア太平洋地域に継続的に巡回配備されているB－52爆撃機及び往復ミッションにより戦略的なプレゼンスを提供しているB－2ステルス爆撃機に、B－1爆撃機を追加配備することで増強が可能になる。米国は現在、グアムを強力な空軍・海軍資産を備えたより堅牢な軍事拠点として整備している。イラク及びアフガニスタンから撤退することにより、米陸軍第25歩兵師団は太平洋戦域に戻ってくるだろう。

アジア太平洋地域における米海兵隊のプレゼンスも、軍事的な挑戦だけでなく人道支援及び災害救援を含めた様々な緊急事態に対し、迅速かつ効果的に対応しようという米国の決意と能力を示す重要な指標である。アジア太平洋地域全体としては、海兵隊の総合的な強化が行われる予定である。海兵隊はMV－22オスプレイ垂直離着陸機、短距離離陸・垂直着陸能力を持つF－35B統合打撃戦闘機、ホバークラフト式のエアクッション型揚陸艇（LCAC）の利用など装備を更新している。米国は中東からの地上兵力を撤退させており、第I海兵機動展開部隊（IMEF）及び第III海兵機動展開部隊（IIIMEF）の部隊が太平洋戦域に戻る予定だ。さらに、海兵隊は地理的な意味でこれまでよりも広い範囲に配備される。アシュトン・カーター国防長官が述べたように、米国は「沖縄への集中的なプレゼンスから、オーストラリア、ハワイ、グアム、日本本土へとシフトしつつある」[注43]。海兵隊員数千名が沖縄からグアム・ハワイへ移動する。また。海兵隊員2500名がオーストラリアに1年交代で巡回配備される計画もある。2014年4月、米国とフィリピンは防衛協力強化協定を締結し、フィリピンへの米軍の巡回派遣を強化することが定められた[注44]。この協定によって結果的に、海兵隊部隊のフィリピンへの巡回配備が可能になる可能性がある。

以上のような配備慣行及び装備の変化は、海兵隊の遠征軍としての性質が改めて重視されていることを反映するものである。2014年3月、海兵隊は今後10年間に海兵隊が進むべき進路を示した『Expeditionary Force 21（遠征軍21）』を発表した。この文書は、一方の海軍・空軍・陸軍と他方の海兵隊とをきわめて対照的に位置付けている。海軍・空軍・陸軍は「それぞれ海、空、陸を支配することに最適化されている」。しかし海兵隊は「いかなる領域を支配することにも最適化されていない」。その代わりに、海兵隊は「遠征的（expeditionary）であることに最適化されている。戦略的に機動力のある戦力であり、危機にすばやく対応できるよう身軽だが、使命を達成する、あるいは他の軍が到着するまでの時間と選択肢を確保する能力を持つ」[注45]。

『Expeditionary Force 21』は、海兵遠征部隊（ＭＥＵ）について論じるなかで、こうした遠征軍としてのビジョンを詳細に語っている。

ＭＥＵ及び付随する両用即応グループ（ＡＲＧ）は、引き続き、前方基地と巡回配備の組み合わせにより、主要地域における前方プレゼンスを提供していく。ＭＥＵの長所は、統合ＭＡＧＴＦとしての危機対応能力にある。今後10年間にわたり、我々は、基地、機能、能力の変化への対応並びに事前集積装備、地上基地、補完的兵力パッケージ、代替プラットフォームの探求を行うべく、ＭＥＵの進化を追求していかなければならない。ＭＥＵが分散・分割された形で運用される場合もある。最善ではないとはいえ、ＭＥＵにはそのような形で行動する場合のリスクを緩和するためのリソースが与えられるだろう。そうしたリソースとしては、平時における幅広い安全保障活動を達成し、緊急事態及び一時的な危機への即時対応を提供するための、適切な指揮統制資産及び措置が含まれるだろう[注46]。

沖縄配備・駐屯に変化の兆し

オバマ政権１期目にアジア太平洋安全保障担当国防次官補を務めたウォレス・チップ・グレ

グソンによれば、米軍の配置は、自立的・自足的な兵力を持つ「より効率的で機敏な、遠征的な」ものになるだろうという。[注47]

言い換えれば、西太平洋地域における海兵隊は、沖縄に集中した駐屯部隊ではなくなりつつある。ⅢMEFは今後も沖縄に司令部を置き、この地域で最大の集約的な海兵隊組織であり続けるだろうが、ますます複雑さを増す安全保障環境のために、海兵隊は、任意の地理的な領域における司令官の要求を支える「隷下部隊を任務に応じて、より小規模なMAGTFその他の形式に編成する」能力を備えた、より機敏で柔軟なものになりつつある。[注48]では、辺野古で計画されているFRFにとって、こうした海兵隊の運用方式の変化はどのような意味を持つのだろうか。この問いに答えるには、平時に求められる要件と軍事的な緊急事態における要件を区別する必要がある。

平時において、海兵隊部隊の主要任務は、頻繁な訓練演習を通じて即応能力を維持することである。海兵隊の基本作戦単位が統合空陸任務部隊であることから、米国の国防関係者は、訓練演習に参加する地上部隊を航空機が輸送できるように海兵隊の航空機は地上部隊の近くに配置しなければならないと主張してきた。そうであるならば、FRFは沖縄県内に置かれる必要がある。1996年12月、「沖縄に関する特別行動委員会」(SACO)最終報告が普天間の代替となる「海上施設(SBF)」は沖縄本島東部の沖合に置かれると宣言したときには、こうした論拠が強い説得力を持っていた。当時、海兵隊地上部隊にとっての主力輸送機は、作戦行動半径152マイル、最高時速約167マイルのCH－46Eヘリコプターだった。訓練の大半が沖縄の北部訓練場か沖縄の離島で行われる限りにおいて、これらのヘリで十分だった。

だが、現在では航続距離1011マイル、巡航速度時速277マイルのMV－22オスプレイが普天間に配備されている。オスプレイの高い速度と長い航続距離をもってすれば、地上部隊と輸送機をもっと遠くに配置しても、訓練演習のために連携させることが可能になる。さらに、現在では海兵隊の訓練演習が行われるのは、関東平野のキャンプ富士など沖縄県外が多く、北マリアナ諸島のテニアンなど日本国外の場所さえ使われている。ⅢMEFのうち相当数の人員をグアムに移転させるのだから、平時の訓練を目的として、海兵隊の兵員輸送機を沖縄に配備しなければならないという論拠はますます薄弱となる。

仮に、平時の訓練演習のためであれば本格的な海兵隊航空基地はもはや必須ではないとしても、様々な軍事的危機に対する抑止・対応のために辺野古への代替施設建設が依然として必要である、という主張もあろう。この論拠の正当性はいかほどのものだろうか。この論拠を評価するために、日本の安全保障に直接影響を及ぼすと思われる地域的な緊急事態を3例考えてみよう。すなわち、朝鮮半島、台湾、そして尖閣《せんかく》諸島である。

地域的な緊急事態3例

朝鮮半島のシナリオに関しては、今のところアナリストの大半が、北朝鮮には1950年6月に匹敵するような全面的な軍事作戦を韓国に対して仕掛ける能力はない、もし北朝鮮がそれを試みれば、北朝鮮の現体制の存続は危うくなる、と考えている。[注49] これはまさに、北朝鮮指導部にとっては受け入れがたい懲罰となるだろう。そして、過去60年間にわたって、この抑止政策は機能してきたと言えるだろう。破壊工作、小規模な衝突、銃砲撃戦はあったものの、朝鮮半島での全面戦争は起きなかった。北朝鮮に対する抑止という点で重要な要素は、米韓相互防衛条約、韓国の軍事能力、そして在韓米軍の存在である。

抑止の効果は、仮に抑止が失敗した場合に対応する能力・意志にもかかっている。北朝鮮が韓国に対する全面的な攻撃を仕掛けた場合、米軍は同盟国（特に韓国及び日本）の支援のもとで、少なくとも北朝鮮の現体制を脅かすような反攻作戦を行う能力を持つべきである。戦争計画がどのようなものであれ、日本国内の米軍基地・戦力［特に海兵隊］は間違いなく主要な役割を果たすだろう。このような状況では、米軍は反攻のための集結地［中間準備地域］を必要としており、海兵隊普天間飛行場［国連軍の指定基地である］がこの機能を果たす可能性がある。だが、地理的な条件を配慮するならば、他に沖縄県内の基地よりも集結地としてふさわしい場所を構想することができる。たとえば1950年9月の仁川《インチョン》への上陸作戦では、九州西部の佐世保を主要な集結地として使うことになった。実際、戦闘部隊を朝鮮半島に海上輸送するために海兵隊が使うであろう船舶は、沖縄ではなく佐世保を母港としている。さらに、北朝鮮に対する本格的な反攻のために必要な海兵隊の戦闘要員を迅速に展開するには、輸送船の数が足りない。重要なのは、こうした有事の際に日本国内の他の基地［こちらのほうが朝鮮半島に近い］が使えるのであれば、普天間基地ないし辺野古に計画されている代替施設は必要なくなるという点である。海兵隊戦闘部隊の増派を必要とするような朝鮮半島有事に備えるため、米国は戦闘装備を満載した事前集積船を日本及び韓国に維持する可能性がある。すると、軍事的危機の際に、海兵隊が米本土から空輸されて事前集積物資と合流することも可能になる。[注50] 日本は、想定される集結地として民間施設・自衛隊施設を提供することができる。朝鮮半島有事における集結地として普天間基地または辺野古埋立て案による基地に執着せずとも、絶対的に必要であるというならば、那覇空港に建設される第2滑走路でもその役割を担えるだろう。

台湾有事についてはどうか。台湾に関する抑止は朝鮮半島の場合とは大きく異なる。米国と台湾の中華民国との間には明示的な安全保障協定は存在せず、米軍は台湾には配備されていない。だが米国は、台湾問題の平和的解決に対する関心を明確に示しており、1979年台湾関係法（TRA）では、米国は「台湾住民の安全、社会や経済の制度を脅かすいかなる武力行使または他の強制的な方式にも対抗しうる防衛力を維持」するという方針を謳っている。また、武器輸出（TRAの規定による）を通じて、台湾の安全保障に対するコミットメントを示し続けている。とはいえ、朝鮮半島の場合に比べ、台湾に関する米国の抑止政策には、一部で「戦略的曖昧さ」と呼ばれているものが付きまとう。中華人民共和国による攻撃があった場合に米国が台湾を防衛するという公然かつ明確な表明はない。実際には、米国の政策は「二重抑止」という性質を持っている。一方で、台湾に対する一方的な攻撃を行わないように中国を抑止する。しかし他方で、台湾に「白紙小切手」を与えないことにより、中国の攻撃を招くような挑発を行わないよう台湾を抑止する。こうして、戦略的な曖昧さによって、米国政府は中台関係に対処する外交的な柔軟性を得ているわけだ。注51

米国は、いかなる場合においても中国による攻撃から台湾を防衛する意志をはっきりと表明しているわけではないが、その能力は示唆している。その一例が、1996年3月の台湾総統選挙の直前に中国がミサイル発射試験を行ったことに対して、クリントン政権が空母戦闘群ふたつを台湾近海に派遣したことである。だが、中国による台湾への武力行使を抑止するために何が実際に必要かは、中国が試みる作戦次第である。アナリストはミサイル攻撃、海上封鎖、大規模な上陸侵攻、特殊部隊により台湾指導部を迅速に排除する「斬首作戦《ざんしゅ》」など、多くのシナリオを検討している。最初の三つのシナリオにおいては、中国の軍事作戦を抑止する重要な能力として、ミサイル防衛、中国軍ミサイル部隊を排除し航空優勢を達成するための空軍力、対潜戦闘及び機雷除去能力などがあり、突き詰めれば制海権・制空権を実現するための海軍力・空軍力である。[注52] 当然ながら中国も、1995~96年の海峡危機以来、こうした米国・台湾の能力に対抗するような軍事力の増強に注力している。

沖縄に駐留する米海兵隊が抑止の点で重要になる一つのシナリオが、迅速な「斬首作戦」である。しかしながら、この場合に抑止を機能させるには、米海兵隊は、中国による既成事実化を阻止し、米国との直接的な軍事対立リスクを回避させるだけの十分な火力と機動性をもって、早期に現地に到着する必要がある。だが現実には、これは非常に困難な作戦だ。迅速な「斬首作戦」シナリオのためには、ほぼその定義からして、中国側としては奇襲という要素が必要になる。したがって米国にとっての課題は、中国の意図を十分に早く見きわめ、攻撃開始を挑発するのではなく抑止するよう、迅速かつ十分な戦力を展開することである。MV-22オスプレイ輸送機を使い、普天間基地または辺野古の代替基地を起点として、海兵隊による先制的な作戦を行うのは、あまりにも目立ちすぎ、高強度の紛争を抑止するというより、むしろそのキッカケを作ってしまうだろう。そしてこうした状況では、辺野古の航空基地は中国によるミサイル攻撃に対して非常に脆弱となる可能性がある。

最後に、尖閣諸島及び東シナ海に関連したシナリオが持つ意味はどうだろうか。東シナ海及び南シナ海における近年の中国の「攻撃的態度」を考慮して、日本のアナリストの間では、中国による尖閣諸島占領を抑止するためには沖縄の米海兵隊が不可欠であるという主張が見られる。２０１０年秋にヒラリー・クリントン国務長官が最初に口にし、14年4月にはオバマ大統領が東京で再確認したように、尖閣諸島が日本の施政権下にある以上、その防衛は日米安保条約の対象になる。だが、日中間で係争中の領土における主権に関して米国政府が中立的な態度を維持しているという事実からすれば、尖閣防衛のために海兵隊員の生命を危険にさらす意志が米国にどれだけあるかは疑わしい。

日本にとって、中国による尖閣諸島の武力占領を抑止するよりよい道は、日本自身が、そのような作戦を阻止する防衛力を整備することだ。米国による拡大抑止に依存するよりも、日本は、海上保安庁による南西諸島弧《こ》の警護を強化し、こうした離島を防衛する独自の能力を整備することにより、「拒否的抑止」を直接行使することができる。中国による侵略を抑止するには、こうした対応のほうがはるかに信頼できる。実際、日本の国防政策はこの方向に進んでおり、水陸両用能力を備えた地上部隊を整備し、カリフォルニアで米海兵隊とともに訓練を行っている。尖閣諸島有事の場合、米国が担う適切かつ信頼性の高い抑止上の役割は、日本が自らの領土を防衛する一方で、日中危機の拡大を封じ込めるために空軍力・海軍力を提供することだろう。

状況によっては、尖閣諸島に対する軍事作戦は、日本の自衛隊だけでなく米海兵隊の関与を招くリスクがあると中国が考えれば、抑止が働くかもしれない。だが米国としては、沖縄本島よりも尖閣に近い離島に航空拠点を有するＭＡＧＴＦ部隊を配備するというオプションによって、中国にそのようなシグナルを送ることができるだろう。想定される候補としては、宮古島及び下地《しもじ》島がある。日本の自衛隊と海兵隊が、こうした離島にアクセスする共同訓練を行うこともできるし、危機への迅速な対応を容易にするために、こうした場所に装備を事前集積することもできよう。こうした作戦であれば、辺野古で計画されているような本格的な海兵隊航空基地は必要ない。たとえば、九州のどこかを拠点とするオスプレイがキャンプ・シュワブに急行し、そこで地上部隊を乗せて尖閣に近い沖縄の離島の一つに展開するという想定も可能である。こうした一連の措置によって、米国は日本とともに、軍事的または準軍事的な尖閣諸島占領を防ぐため、中国に対して段階的なシグナルを送ることが可能になろう。

6. 普天間基地問題の解決に向けた妥協案

２０１３年12月に辺野古埋立て計画を承認する条件として、仲井眞沖縄県知事は安倍首相に対し、普天間基地の運用を5年以内（つまり18年末まで）に終了させることを要請した。それ以来安倍政権は、たとえ辺野古基地の完成予定以前であっても、普天間に現在配備されている

普天間基地（写真提供：共同通信）

主要な米軍資産の一部を（一時的にせよ）移転させるべく、沖縄県外の候補地を個別に模索し始めた。この努力は、最終的に辺野古への代替施設建設を受け入れるよう沖縄県内の世論を懐柔することを意図したものだったが、平時及び様々な有事における米海兵隊の役割に関する上述のような分析から、大浦湾に埋立てによるＶ字型航空基地を建設する必要はないことが窺われる。

現在、海兵隊普天間飛行場にはＭＶ－22オスプレイが22機配備されている。だが、チャック・ヘーゲル前国防長官が指摘するように、これらのＭＶ－22が参加する訓練の半分以上は、現在は沖縄県外で行われている。したがって、海兵隊の運用上の要件を犠牲とせずに、九州など日本本土のいずれかで、普天間よりもはるかに広い緩衝地帯を持つ既存の飛行場にオスプレイを配備することは可能である。さらに、そうした既存の飛行場を日米共用の防衛施設に転換することが可能であれば、二国間の防衛協力のさらなる充実に貢献するだろう。オスプレイは高速で航続距離が長いため、本土のどこかの島に置かれた基地から飛来して、沖縄の海兵隊地上部隊を訓練のために輸送することは可能である。さらに、オスプレイには垂直離着陸能力があるため、キャンプ・シュワブの既存の敷地内だけで建設されるヘリポートがあれば、こうした平時の訓練ニーズに対応するには十分すぎるはずだ。

要するに、1800メートル級2本の滑走路を備えた埋立てによる航空施設を建設するよりも、キャンプ・シュワブ内にヘリポートを作るほうが優れた選択肢ということになろう。こうして既存の辺野古計画を劇的にスケールダウンすれば、埋立てによる建設と、それに伴う必然的な環境破壊というやっかいな問題は避けられる。基地反対派の一部はヘリポートにさえ反対するだろうが、特にこの見直しにより普天間基地運用の終了が早まるとなれば、こうした妥協案は沖縄県民にとって受け入れやすいはずだ。より小規模なヘリポートを地上に建設するのであれば、埋立て施設よりもはるかに迅速に完了する。

普天間基地に配備されている固定翼機も、他の場所に移転させることは可能だ。2014年7月、KC－130空中給油機が普天間から岩国飛行場（第12海兵航空群）（山口県）に移転した。普天間に残された少数の固定翼機は嘉手納空軍基地に配備できる。米国は、良好な同盟関係のために、こうした配備替えに対する米空軍の抵抗を抑えつけるべきだ。これまで米空軍が海兵隊の航空機の配備に抵抗するために使ってきた論拠（回転翼機と固定翼機を同じ航空基地で運用するのは危険すぎる）は、ここでは通用しない。この配備替えの一環として、米空軍は、嘉手納基地の空軍資産の一部を北日本の三沢基地及びグアムのアンダーセン空軍基地に移動させることを検討すべきである。こうした移動は沖縄県民（特に嘉手納基地周辺の住民）の負担を軽減するだけでなく、中国によるミサイル攻撃の可能性に対して嘉手納基地の脆弱性が増していることを考えれば、戦略的にも意味のあることだろう。

米国の国防計画担当者の一部が辺野古における埋立て基地の建設にあれほど固執する理由の一つは、普天間の代替施設として、また有事の際に集結地として想定される本格的な航空施設が必要だということになっているからである。この懸念に対処するために、普天間での航空機の運用は停止しつつ、予備的な施設として維持しておくという選択肢があろう。その間に那覇空港の第2滑走路が建設されるだろうから、有事の際にはこの民間施設を利用することができる。米国の国防計画担当者が真剣に朝鮮半島有事を懸念しているのであれば、九州など日本本土の自衛隊基地の日米共同運用を進め、海兵隊の戦闘装備を事前集積しておくほうが、辺野古基地よりも効果的かつ効率的な代替案となる。これによって、海兵隊を米本土から迅速に展開できるようになる。
沖縄県民の一部はキャンプ・シュワブ敷地内に小規模なヘリポートを建設することにも反対するだろうが、沿岸のV字型航空基地よりもはるかに問題は少ないはずだし、もちろん、普天間を現状どおり使い続けるよりははるかによい。さらに、沖縄駐留の海兵隊の削減計画と、県外での海兵隊訓練の増加を考えれば、キャンプ・シュワブのヘリポートの利用は、現在の普天間の利用よりもはるかに少なくなるはずだ。経済的・政治的なコストの高い辺野古への沿岸埋立て基地を避けることで、この代替案は、沖縄にとっても、日本にとっても、米国にとっても利益になる。安倍首相は沖縄に対して高圧的であると評価されているが、皮肉なことに、日米同盟の強化、日本の防衛力の強化をめざす彼の努力こそが、普天間をめぐる閉塞状況の打破を可能にすることになるだろう。

(endnotes)

注1　一部の研究者は、1995年9月の少女暴行事件以降に始まった抗議は、米軍の沖縄駐留に対する大衆的抗議としては第三の波であるとしている。第一の波は1950年代、米国による土地収用政策への反対である。第二の波は60年代、沖縄に対する米国軍政への抗議として発生した。Miyume Tanji, *Myth, Protest and Struggle in Okinawa*（沖縄の神話と抗議行動・闘争）(London: Routledge, 2006), 5-6; Andrew Yeo, *Activists, Alliances, and Anti-U.S. Base Protests*（活動家、同盟、反米軍基地抗議）(New York: Cambridge

University Press, 2011), pp.64-66.

注2 「普天間飛行場に関するＳＡＣＯ最終報告（この文書は、ＳＡＣＯ最終報告の不可分の一部をなすものである）」東京、１９９６年12月２日。
http://www.mofa.go.jp/region/n-america/us/security/96saco2.html

注3 Gavan McCormack and Satoko Oka Norimatsu, *Resistant Islands: Okinawa Confronts Japan and the United States*（抵抗の島々：日米両国と対立する沖縄）, (Lanham; Rowmann & Littlefield Publishers, 2012), p.78; 吉田健正「A Voice from Okinawa(18) ――普天間基地の起源」メールマガジン「オルタ」第85号、２０１１年１月20日、
http://www.alter-magazine.j/backno/backno_85.html

注4 Yasuo Osakabe, "UNC celebrates the 67th Anniversary of the United Nations in Japan," *Yokota Air Base*, 28 November 2011,
http://www.yokota.af.mil/news/story.asp?id=123327915

注5 沖縄県知事公室基地対策課「沖縄の米軍基地」２０１３年３月、２２６頁。

注6 James S. White, "Sixth Division History", *Sixth Marine Division Official Website*,
http://www.sixthmarinedivision.com/index.htm

注7 "3rd Marine Division: the Fightin' Third," Marines: *the Official Website of the United States Marine Corps*,
http://www.3rd.mardiv.marines.mil/About.aspx

注8 ＮＨＫ取材班著『基地はなぜ沖縄に集中しているのか』ＮＨＫ出版、２０１１年、20～34頁。

注9 "3rd ine Division: the Fightin' Third," 及び沖縄県知事公室基地対策課「沖縄の米軍基地」２２６頁。

注10　沖縄県知事公室基地対策課「沖縄の米軍基地」２２６〜２２７頁。

注11　沖縄県知事公室基地対策課「沖縄の米軍基地」２２５頁。

注12　秋山昌廣『日米の戦略対話が始まった――安保再定義の舞台裏』亜紀書房、２００２年、１９５〜１９６頁。

注13　William Brooks, "The Politics of the Futenma Base Issue in Okinawa: Relocation Negotiations in 1995-97, 2005-06（沖縄・普天間基地問題の政治学：１９９５〜９７年及び２００５〜０６年の移設交渉），" *Asia-Pacific Policy Papers Series* (Washington, D.C.: Reischauer Center for East Asian Studies of John Hopkins University Paul Nitze School of Advanced International Studies, 2010) pp.11-12]

注14　ＳＡＣＯ中間報告、１９９６年4月15日。
http://www.mofa.go.jp/region/n-america/us/security/seco.html

注15　守屋武昌著「地元利権に振り回される普天間」『中央公論』２０１０年1月号。

注16　森本敏著『普天間の謎――基地返還問題迷走15年の総て』海竜社、２０１０年、１６６頁。

注17　森本敏著『普天間の謎――基地返還問題迷走15年の総て』海竜社、２０１０年、１６１〜１６２頁。

注18　McCormick and Norimatsu, *Resistant Islands*, pp.93, 95.

注19　牧野浩隆著『バランスある解決を求めて―沖縄振興と基地問題』牧野浩隆著作刊行委員会、２０１０年、１５５〜１７５頁。Masamichi Inoue, *Okinawa and the U.S. Military: Identity Making in the Age of Globalization*（沖縄と米軍：グローバリゼーション時代のアイデンティティ作り）(New York: Columbia University Press, 2007), chapter 7.

注20　United States General Accountability Office, *Overseas Presence: Issues Involved in Reducing the Impact of the U.S.*

Military Presence on Okinawa, March 1998 (GAO/NSIAD-98-66)

注21 森本敏著『普天間の謎――基地返還問題迷走15年の総て』海竜社、２０１０年、１６８〜１７６頁。牧野浩隆著『バランスある解決を求めて―沖縄振興と基地問題』牧野浩隆著作刊行委員会、２０１０年、４５０〜５２５頁。

注22 牧野浩隆著『バランスある解決を求めて―沖縄振興と基地問題』牧野浩隆著作刊行委員会、２０１０年、５１３頁。

注23 森本敏著『普天間の謎――基地返還問題迷走15年の総て』海竜社、２０１０年、１９２〜１９７頁。

注24 『朝日新聞』２００４年4月28日。

注25 Yuki Tatsumi, "The Defense Policy Review Initiative from the Perspective of the United States（米国の視点から見たＤＰＲＩ）" in Yuki Tatsumi(ed.), *Strategic Yet Strained: US Force Realignment in Japan and Its Effect on Okinawa* (Washington, D.C.: Stimson Center, September 2008), pp.123-126.

注26 "Futenma Questions and Answers（普天間に関する疑問とその回答）," *Stars and Stripe*, 27 November 2009, http://www.stripes.com/news/futenma-questions-and-answers-1.96824

注27 守屋武昌著『「普天間」交渉秘録』新潮社、２０１０年、17〜41頁。

注28 Tatsumi, "The Defense Policy Review Initiative from the Perspective of the United States", pp.123-126.

注29 守屋武昌著『「普天間」交渉秘録』新潮社、２０１０年、１３１〜１７６頁。森本敏著『普天間の謎――基地返還問題迷走15年の総て』海竜社、２０１０年、２４７〜２８２頁。牧野浩隆著『バランスある解決を求めて―沖縄振興と基地問題』牧野浩隆著作刊行委員会、２０１０年、５７０〜６２０頁。

注30 Travis J. Tritten, "US to beef up Marine presence on Okinawa before drawdown（米国、削減を前に沖縄駐留

海兵隊を増強）," Stars and Stripes, 12 June 2012,

http://www.stripes.com/news/us-to-beef-up-marine-presence-on-Okinawa-before-drawdown-1.180172

この報道によれば、米国は予定されている削減が行われる前に沖縄に配備される海兵隊の人員を約1万9000名に増強しているという。

注31　森本敏著『普天間の謎――基地返還問題迷走15年の総て』海竜社、2010年、226頁。

注32　Shirley A. Kan and Larry A. Niksche, "Guam: U.S. Defense Deployments（グアム：米国の国防展開）," *CRS Report for Congress* (RS22570, 16 January 2007), p.4.

注33　たとえば、Jeffrey A. Bader, *Obama and China's Rise: An Insider's Account of America's Asia Strategy*（オバマと中国の台頭：内部から見た米国のアジア戦略）(Washington, D.C.: Brookings Institution Press, 2012), pp.40-47.

注34　毎日新聞政治部著『琉球の星条旗――普天間は終わらない』講談社、2010年；孫崎享『日本人のための戦略的思考入門―日米同盟を超えて』祥伝社新書、2010年、184～194頁；McCormick and Norimatsu, *Resistant Islands*, pp.113-131.

注35　『琉球新報』2010年5月31日。

注36　"Senators Levin, McCain, Webb Call for Re-Examination of Military Basing Plans in East Asia（レビン、マケイン、ウェブ上院議員、東アジアにおける軍事基地計画の再検討を求める）," 11 May 2011,

http://www.levin.senate.gov/newsroom/press/release/senators-levin-mccain-webb-call-for-re-examination-of-military-basing-plans-in-east-asia/?section=alltypes

注37　United States General Accountability Office, *Defense Management: Comprehensive Cost Information and Analysis of Alternatives Needed to Assess Military Posture in Asia*（国防経営：アジアにおける軍事展開を評価するために

必要な選択肢に関する包括的なコスト情報及び分析), May 2011 (GAO-11-316), p.25.

注38　Fukuko Takahashi and Satoshi Okumura, "Noda hopes subsidy concession will unlock Futenma issue," *Asahi Shimbun Asia&Japan Watch*, 27 September 2011,
http://ajw.asahi.com/article/behind_news/Politics/AJ2011092712253

注39　"Consolidation Plan for Facilities and Areas in Okinawa," April 2013,
www.defense.gov/pubs/Okinawa%20Consolidation%20Plan.pdf

注40　仲井眞弘多、"The Futenma Relocation Issue"（普天間移設問題), Akikazu Hashimoto, Mike Mochizuki & Kurayoshi Takara (eds.), *The Okinawa Question: Futenma, the US-Japan Alliance and Regional Security*（Washington, D.C.: Sigur Center for Asian Studies, 2013), 56頁。（沖縄クエスチョン：普天間、日米同盟と地域安全保障）

注41　ただし２０１１年春には鳩山は沖縄のジャーナリストに対して、「抑止」という言葉はむしろ口実として使ったと認めている。乗松聡子「鳩山の告白─抑止力という神話と海兵隊基地県外移転の失敗」『アジア太平洋ジャーナル』第9巻第3号、２０１１年2月28日所収、
http://www.japanfocus.org/-Satoko-NORIMATSU2/3495#

注42　Robert G. Sutter, et. al., *Balancing Act : The U.S. Rebalance and Asia-Pacific Stability*（Washington, D.C.: Elliott School of International Affairs, ２０１３年８月）、p.12.（綱渡り：米国のバランス再編政策とアジア太平洋の安定)

注43　アシュトン・カーター国防長官"Remarks on the Next Phase of the U.S. Rebalance to the Asia-Pacific," アリゾナ州テンプ、２０１５年4月6日。

注44　Renato Cruze De Castro, "The 21st Century Philippine-U.S. Enhanced Defense Cooperation Agreement

(EDCA): The Philippines' Policy in Facilitating the Obama Administration's Strategic Pivot to Asia," *Korean Journal of Defense Analysis* Vol. 26, No. 4（２０１４年12月）, pp.427-446（21世紀の米比防衛協力強化協定：オバマ政権のアジアへの戦略シフトを促すフィリピンの政策）

注45　U.S. Marine Corps, *Expeditionary Force 21*, ２０１４年３月, p.5.
http://www.mccdc.marinese.mil/Portals/172/Docs/MCCDC/EF21/EF21_USMC_Capstone_Concept.pdf

注46　U.S. Marine Corps, *Expeditionary Force 21*, ２０１４年３月, pp.13-14.

注47　Wallace Gregson, Jr. 中将（退役）による発言。ブルッキングス研究所のカンファレンス "Understand the U.S. Pivot to Asia"（米国のアジア重視を理解する）にて。２０１２年１月31日。

注48　U.S. Marine Corps, *Expeditionary Force 21*, ２０１４年３月, pp.10-18

注49　Michael O'Hanlon and Mike Mochizuki, *Crisis on the Korean Peninsula: How to Deal with a Nuclear North Korea* (McGraw-Hill, 2003), pp.57-82.（朝鮮半島危機：核武装した北朝鮮にどう対処するか）

注50　Mike Mochizuki and Michael O'Hanlon, "Okinawa and the Futenma of U.S. Marines in the Pacific," in *Rebalanace to Asia, Refocus on Okinawa : Okinawa's Role in an Evolving US-Japan Alliance*（那覇、沖縄県庁、２０１３年）pp.13-14。（太平洋における沖縄と普天間の米海兵隊）

注51　Richard C. Bush, *Untying the Knot; Making Peace in the Taiwan Strait* (Brookings Institution, 2005), pp.253-258.

注52　Richard C. Bush and Michael O'Hanlon, A War Like No Other: the Truth about China's Challenge to America (New York: John Willey & Sons, Inc., 2007), pp99-195.（かつてない戦争：中国による米国への挑戦の真実）また、Michael A. Glosny, "Strangulation from the Sea?: A PRC Submarine Blockade at Taiwan," *International Security* Vol.28, No. 4 (Spring 2004), pp.125-160.（海からの締め上げ？：中国潜水艦による台湾封鎖）

第5章

［解］「沖縄ソリューション」の道筋

橋本晃和

2012年に続き、15年4月27日に行われた日米外務・防衛閣僚クラスによる安全保障協議委員会（SCC、通称「2+2」）で、両政府は「普天間飛行場の代替施設（FRF）をキャンプ・シュワブ辺野古崎地区及びこれに隣接する水域に建設することが、運用上、政治上、財政上及び戦略上の懸念に対処し、普天間飛行場の継続的な使用を回避するための唯一の解決策であることを再確認した」（SCC共同発表「変化する安全保障環境のためのより力強い同盟」より）と述べた。この時安倍晋三首相、バラク・オバマ米国大統領の両トップによる同時に発表された主命題の改訂版「日米防衛協力の指針（ガイドライン）」には「辺野古移設は唯一の解決策である」とは一言も触れられていない。

SCCの在日米軍再編の項では、「訓練場及び施設の整備等の取組を通じた、沖縄県外の場所への移転を含む、航空機訓練移転を継続することに対するコミットメントを確認した」とある。さらに「日米両政府が、改正されたグアム協定に基づき、沖縄からグアムを含む日本国外の場所への米海兵隊の要員の移転を着実に実施している」と続く。実施が着実に行われていけば、本稿で述べたように普天間飛行場は、辺野古基地が建設される前に、限りなく空っぽになってゆく。

「辺野古移設」の工事実施という進行の事実を別にすれば、日米両国がグアムを含む日本国外への移転に向けて現在、あるいは未来に向けて行っている作業は、拙案「橋本プロポーザル」にほぼ沿ったものと言っても言い過ぎではない。一方で辺野古への全面移設工事を進め、他方で県内外を問わず、新たな動きがあることに果たしてどのような整合性があるのか。米国側のほうが日本側より柔軟性が見てとれる。では何が解決のカギを握るのかを次に見てみよう。

2006年に策定された共通戦略目標は12年2月8日、沖縄基地の米軍再編の返還ロードマップの見直しに関する共同声明で全面刷新された。

この声明でグアム移転と米軍の5施設区域の返還を普天間移設と切り離して先行することが決定された。しかしながら普天間代替施設（FRF）の問題は日本側ではどう見ても今もデッドロックの状況にあるようにみえる。

最大の原因は「固定観念」（Stereotype）にとらわれた発想と硬直性にある。実際、FRFは県内か県外かあるいはA基地かB基地か——いわば不動産物件を扱うような発想の域を超えていないことにある。

その代表的な例が「B基地（辺野古）へ移設しなければ、A基地（普天間）が固定化され、きわめて危険である。従ってB基地へ移設するより他に方法はない」というものだ。この言説をまことしやかに信じきっている人が多いのに驚かされる。この言説には、A基地の移設は県内でなければならないという大前提によって成り立っている。

２０１５年６月時点において、この「固定観念」にとらわれた発想を批判すれど、ではどうすればよいのかという具体的処方箋及びそこに至る道筋・ロードマップはいまだに描かれていないのではないか。14年の日米共同声明「アジア太平洋及びこれを超えた地域の未来を形作る日米と米国」（オバマ大統領の来日時に日米両国が交わした共同声明文、２０１４・４・25於東京）では「日米両国はまた、グアムの戦略的な拠点としての発展を含む、地理的に分散し、運用面で抗堪性があり、政治的に持続可能な米軍の態勢をアジア太平洋地域において実現することに向け、継続的な前進を達成している。普天間飛行場のキャンプ・シュワブへの早期移設及び沖縄の基地の統合は、長期的に持続可能な米軍のプレゼンスを確かなものとする」と述べられている。

辺野古移設で問題が解決するのか。辺野古埋立てによる新飛行場建設が完了するまでに、９年半の時間を要するという、これは実質的に新たな辺野古固定化案ではないのか。それよりも、現行の普天間飛行場の運用停止を決定して、動的防衛力構想による代替案の実現を図ったほうが早いのではないか。この一点に注目して、辺野古埋立て決定は国の行政上の権限として、埋立て申請を承認する代わりに、普天間使用の5年以内の運用停止を発表したのが、仲井眞弘多知事であった。メディアをはじめ、保守陣営からも猛反発を食らったのは言うまでもない。この点については本稿の最後に述べてみよう。

東京メディアの安全保障担当の記者がよく私に言う言葉がある「それでは辺野古移設に替わる代替地はどこですか」私は「代替地という発想でなく代替案という発想ができませんか」と答えることにしている。

重要なことは、アジア太平洋地域において現在進行中の安全保障環境に対応できる戦略的機能的兵力態勢を構築することである。

幸いにも防衛省は、２０１１年度以降に係わる「防衛計画」[注1]の大綱の中で、「動的防衛力」の概念を前面に打ち出した。「動的防衛力」は防衛力の存在自体による抑止効果を重視した従来の「基盤的防衛力」に替わって、防衛力の運用に着眼した新しい概念と言える。このため、即応性・機動性・柔軟性・持続性及び多目的性を備え、軍事技術水準の動向を踏まえた高度な技術力と情報能力に支えられた防衛力と言える。

進化を遂げる安全保障に挑戦する創意工夫のある「動的防衛力」構想と、辺野古への普天間移設という現行プランの背後にある狭量的な防衛力構想との間には、運用面で明確に大きなずれがあることに気が付く。

最後に、本稿では、アジア太平洋地域において今後とも重要な役割を果たす沖縄基地の兵力態勢と、動的防衛力構想に基づいてロードマップ（工程表）を提言する。さらに、この提言の実施によって日本がアジア太平洋地域において重要な役割を果たし、日米同盟の深化に寄与することができると考える。

そのために、まず、普天間移設のあり方に直接影響を及ぼすカギとなる五つの現実を理解することが先決である。それは、また私のロードマップ案に裏づけられたものである。

復誦　まとめ

「普天間」から「辺野古」への曲折20年の歴史（1996〜2015）

96〜04年　1996年の「沖縄に関する特別行動委員会」（SACO）中間報告で初めて「普天間飛行場（MCAS）を返還する」と明記された。その後、99年に政府は普天間飛行場の移設先として名護市辺野古を閣議決定したが、具体案は2005年まで決まらないまま推移した。

05〜06年　具体案はキャンプ・シュワブ沿岸部に滑走路1本のL字型の代替施設を造る案で始まった（日米両政府の05年10月、在日米軍再編の中間報告）。

しかし、県や名護市は集落上空が飛行ルートになるとして反対し、沖合移動を求めた。

06年5月の米軍再編最終報告で、政府が事前に名護市から合意を取り付けた現行計画で米国とも合意、場所は沿岸部のまま変わらず、V字型の2本の滑走路を離着陸に使い分けることで、なるべく集落上空を飛行させせないルートで地元の要望も受け入れた。

しかし、当時の稲嶺惠一知事は合意せず「協議継続」を確認して、知事の任期を終え、後継の仲井眞弘多知事は「現行計画には賛成できない」と主張して新知事になった（06年11月）。就任後、環境影響評価（アセス）をやり直さない範囲で、より沖合へ移動させる修正案を求めた。

09〜10年　ところが、2期目の選挙では一転して「県外移設」を公約に掲げ当選した（10年11月）。その背景には、09年9月に政権交代で首相に就任した鳩山由紀夫氏が、「最低でも県外」を掲げたことが背景にあった。10年5月に鳩山首相が辺野古回帰を表明し、県民の怒りと失望を買ったが、同年11月仲井眞知事は「県外移設」の公約を変えることはなく当選を果たした。

13〜14年　その後、沖縄防衛局が辺野古移設に向けた公有水面埋立て申請書を県に提出した

(13年3月22日)。同年12月27日仲井眞知事は埋立て申請を承認したが、これはあくまでもやむをえない行政上の手続きであると説明し、さらに普天間は県外移設をするほうが解決が早いという考えは変わっていないと表明した。

2014年3月14日の記者会見で、県として初めて、日米両政府の現行計画を事実上容認する記者会見を行った。この頃から「県外移設」の主張は聞かれなくなった。14年11月の知事選に、知事は辺野古埋立て案を公約に掲げて3選を目指したが、「県外・国外移設」を主張した翁長雄志氏に10万票差という大敗を喫することとなった。なぜ、ここまでの大敗を喫したのか、本人は大いに不満であった。選挙戦では辺野古沿岸の埋立てにYESかNOか、県内に新基地建設にYESかNOの対立構図となれば、覚醒された21世紀の「沖縄アイデンティティ」意識に裏づけられた民意の回答は明白であった。首相と約束したと言われる「普天間基地の5年以内の運用停止への具体策」は県民にわかるように示されずに終わった。この一点が勝負の分かれ目であったと思われる。辺野古新基地建設という代替地でなく、県外・国外を含めた普天間基地に代わる代替案を戦略的に柔軟に提示することが現実的解決策である。

15年 案の定、2015年になって翁長県政になって辺野古移設は中央と真っ向から対立したままで翁長行政は暗礁に乗り上げてしまった。(第3章「3. かみ合わぬ『関係』の構図」

114頁を参照)。

2015年4月5日、翁長知事は就任後初めて菅義偉官房長官と面談した。続いて同年4月17日知事は安倍首相と会見を持ったが、知事就任後4か月が経っていた。いずれも話合いは平行線に終わった。沖縄県と中央政府との一連のやりとりは全国ニュースとなって流れ、本土の人たちの関心を引いたことは今後に向けて注目してよい。続いて、日米両国による「日米防衛協力の指針(ガイドライン)」が18年ぶりにワシントンDCにおいて発表され、同時に両国のSCC(2+2)による共同発表がなされて、そこで辺野古移設が普天間飛行場に代替する唯一の解決策であると、12年に続いて明記された。

本稿は、沖縄と政府内の凍結した関係の氷解の一助となるべく「普天間飛行場の5年以内の運用停止」に向けた道筋・アプローチ(関係改善の第1段ステップ案)を提示した。10年後に向けたロードマップ「橋本プロポーザル」は筆者の個人的第2ステップ案と理解していただきたい。

1.「辺野古移設」は唯一の解決策か？

▽解決のカギを握る五つの現実（5カ条）

硬直化した普天間移設問題を解決へと導くには、何よりもまず次に述べる五つの現実課題を直視しなければならない。最初に述べる二つの現実は緊急課題であり、後に述べる三つの現実は誤謬に基づく虚構の現実であることを理解し、克服していかなければならない。

1再びいつ墜落してもおかしくない普天間飛行場の危険

世界一危険な飛行場と言われ続けている第1海兵航空団（1MAW）の普天間飛行場（MCAS）が、今後も機能すれば基地周辺の民家にいつでも再び墜落する惨事に見舞われかねない。普天間の固定化は一刻も早く避けねばならない。ところが、ここに一つの奇怪な話がまかり通っている。

「この普天間の固定化を避けるために、辺野古埋立てをした飛行場の代替地が必要である」。この論理はおかしい。辺野古埋立て以外に普天間での過重負担を減らすことができないとでも言うのであろうか。翁長知事が相次いで官房長官、安倍首相と会談（2015年4月）し、本土の人たちの民意にも変化が見られるようになった。「辺野古移設は唯一の解決策」と説明する政権の姿勢に「納得する」29％で、「納得しない」53％である（前述の朝日新聞社「世論調査」2015年4月18、19日）。

このような民意の出現にもかかわらず、2022年もしくはそれ以降に普天間を閉鎖して、辺野古に移設するという。この間に墜落事故が起きない保証は何もない。

県が主張する「普天間の5年以内の運行停止」が、現実に履行されるのかどうか、政府側の納得できる具体的答弁は今のところない。「普天間の5年以内の運用停止」に向けた具体的処方箋の策定が先決ではないか。

②日米両国の深刻な財政逼迫が代替案変更を不可避とする

日本にあっては大災害（東日本大震災・放射能汚染）による莫大な財政負担、米国にあっては莫大な債務を抱えている財政逼迫がある。米国政府側は既に向こう10年間で、4500億ドルの国防予算の歳出を削減することを決定している（"The Okinawa Question 2011"、マイケル・オハンロン氏の章「防衛予算とアメリカンパワー、そしてアジア太平洋地域」を参照）。

アジア・太平洋における米軍の有事対応に懸念の声が強まる中、レオン・パネッタ米国防長官も2011年10月13日の米下院軍事委員会の公聴会で「何よりも費用対効果の高い方法での実施が課題だ」と発言していた。[注2]

具体的には、普天間移設と連動する海兵隊のグアム移転予算も対象とせざるを得ない。日米両国のこのような財政逼迫の中で新たに辺野古に埋立て基地を建設することは財政的に許されるのであろうか。

日米両国は共に協力しあって、動的防衛力構想に基づいた全体像の中で戦略を見直しつつ、沖縄においても機能的・効果的な再編がなされなければならない。

3 虚説「沖縄の民意は県内移設に戻る」

第1章で記述したように、普天間飛行場に回転翼機が墜落した（2004年8月）惨事をきっかけに、県外・国外への民意の流れが主流となっていった。「少なくとも県外へ」という鳩山首相（当時）の発言が流れに拍車をかけたのは事実としても、長い歴史的変遷の中で、琉球民族としてのアイデンティティに目覚めていった帰結が〝県内移設の拒否〟となって定着したとみるべきである（2012年頃、第1章参照）。

これに先立って、筆者は日米行動委員会の主催による「沖縄クエスチョン2011」で「県外・国外移設への沖縄県民意の流れは変わらない、もとに戻ることはありえない（irreversible）」と明言した（2011年9月19日：ジョージ・ワシントン大学、ワシントンDCにて）。

最新では2014年1月に行われた名護市長選挙に端的に表れている。敗北が予想された自民党系候補に、自民党本部は最後の手段として投票日直前に500億円の振興予算をぶち上げたが、失敗に終わった。

引き続き行われた沖縄市長選（2014年3月27日）にも一言触れておこう。自公推薦候補者が激戦の末、勝利を収めた。本土の大手メディアのほとんどは「これで辺野古移設にはずみがつく」と報道した。自民党が勝利したような報道さえあった。これは真実と異なる。県外移設の主張を堅持し続ける沖縄公明党、及び学会が全エネルギーを投入した結果とみるべきである。

最新世論調査においても「県民の73・6％は県外・国外移設を望んでいる」（琉球新報、2014年5月5日）。

④俗説「普天間の県外移設は抑止力が低下する」

このような発想は、防衛力の存在自体による抑止効果を重視した従来の「基盤的防衛力」の考え方にすぎない。日米両国はアジア・太平洋地域の全体像の中で陸・海・空の安全保障体制を総合的に見渡した「動的防衛力」構想の具体化が進行中である。

沖縄を取り巻く軍事的環境が当然変化の過程にあり、沖縄における米海兵隊の抑止力効果も大きく減少している。さらに言えば、琉球諸島の米国の軍事的聖域はもはや中国軍の弾道・巡航ミサイルの西太平洋配備の完成で失われたことだ。即ち、現在の中国軍の射程外（豪州ダー

米軍普天間飛行場の移設先とされる名護市辺野古沿岸部（写真提供：共同通信）

ウィン）まで撤退しない限り、中国軍の新兵器・対艦弾道ミサイル（ＡＳＢＭ）及び潜水艦と衝突することになる。普天間の県内移設が抑止力の観点から必要であるとの議論は、現在の変化し続ける軍事的環境を無視している。実際、沖縄に駐留する米海兵隊（特に回転翼機）はもはや地域の潜在的軍事脅威を抑止できないといってよい。

⑤神話「すべての回転翼機は常に地上部隊と近接していなければならない」

いまでも「普天間のすべての回転翼機は常にキャンプ・シュワブやキャンプ・ハンセンの地上部隊と常に近接していなければならない」と信じられている。従って、普天間飛行場は県外・国外に移設できないというのである。これは本当か？

実は神話である。実際には、回転翼機は地上部隊と一緒でなく単独でしばしば訓練する様子を見かける。[注3] ところが、今もこの神話は本当の如くまかり通り、いまだに疑う人はほとんどいない。

普天間移設のカギを握る五つの現実を踏まえて、次に私なりの在沖海兵隊の移設プランを考えてみたい。言い換えれば、それは二つの緊急課題[1]、[2]に後押しされて、虚説[3]・俗説[4]・神話[5]の三つの虚構の現実を打ち破ることである。

この三つの虚構に基づいた物語が次の一節に集約される。

虚構のコンセプト…

普天間の機能を県外に移すことは、抑止力の低下に繋がり、日本の安全保障の弱体化をもたらす。その根拠は全ての普天間の回転翼機部隊は常にキャンプ・シュワブ、キャンプ・ハンセンの地上部隊と近接していなければならない。よって普天間の固定化、過重負担を軽減するには同じ沖縄県内に海兵隊航空部隊のための滑走（Runway）を有する基地が沖縄に不可欠である。その実現性のもっとも高い場所が辺野古である。

こうして県内の近距離にある辺野古の移設が唯一、ベストの案であると信じ込まされてきた。

この説は真実か？

これは真実と異なる虚構のコンセプトに過ぎない。この虚構の物語を打ち破る突破口は、次の隠された普天間の真実を知ることである。

真実のコンセプト

――普天間基地の回転翼機部隊と地上戦闘部隊（キャンプ・シュワブ、キャンプ・ハンセン）は、一緒でなくてもよい訓練と、一緒でなければならない訓練がある。

では、次に二つの訓練ケースをそれぞれ具体的にみてみよう。

❶一緒でなくてもよい訓練すなわち回転翼機が単独で訓練することができる

(a)航空基地内でのケース
飛行を伴わない試運転、飛行を伴う確認運転、通常離着陸、障害物超え離着陸、オートローテーション着陸、滑走路着陸、ランニングタッチアンドゴー、ホバリングタッチアンドゴー、ストップアンドゴー離着陸、ホバリング訓練

（こうした訓練は、言うまでもなく騒音を伴い、場合によっては大きな事故を引き起こす）

(b)航空基地外での訓練のケース

航空基地外で行う訓練でも、地上部隊を必ずしも必要としない訓練がある。例えば、編成飛行、計器飛行、低空長距離飛行、機種転換などの訓練である。

（これは明らかに沖縄県内での訓練の必要はなく、県外・国外移設の対象になる）

以上の❶は、明らかに県内で訓練を実施する必要はなく、基本的には訓練は県外・国外移設が可能であるといえる。すでに日本国内の千歳、三沢、百里、小松、築城《ついき》、新田原《にゅうたばる》の六つの航空自衛隊基地で日米共同訓練を実施している（2007年3月以降）[注4]。

❷回転翼機と地上部隊との一体運用が必要なケース

ここで、次のメッセージを紹介しなければならない。

オバマ大統領は「アジアでのプレゼンスは最優先の課題である」と演説し、米海兵隊豪州駐留計画を発表した（2011年11月17日、豪キャンベラにて）。沖縄の普天間基地に駐留する海兵隊は、グアムへ最大8000人の移転が決まった。後に4700人に縮小、残り約3300人はアジア太平洋地域をローテーションさせる意向となっている。

米国防総省は、大統領の意を受けて、2012年1月5日に同様の新たな国防戦略を発表した(共同通信、2012年1月6日)。「米政府が在日米軍再編見直しに関する日本との協議で、第3海兵師団(3MD)の地上戦闘部隊の大半をグアムなど国外へ移転する構想を打診していることがわかった。日本側は中国の軍隊などを踏まえ抑止力が低下しかねないとの懸念から難色を示している」(中国新聞、2012年3月1日)。

普天間基地のヘリコプター部隊に乗り込む主力の地上戦闘部隊を国外に移転することになれば、普天間のヘリ部隊を一緒に国外へ移設する必要が出てくる。その結果、普天間飛行場は限りなく空っぽになっていく。

その一方で、グアムの施設整備が遅れている。遅れの原因は主に二つだ。一つは日本側がいまだに名護市辺野古への埋立てを伴う移設にこだわっていること。もう一つは、米国側も政府の歳出強制削減で、国防費が大幅に削減されてグアム移設が進まないからである。

そこで「グアムに施設を整備して移転するのではなく、米本土西海岸のカリフォルニア・ペンドルトンに戻す」(マイケル・オハンロン氏、「発 海外から」『毎日新聞』、2013年6月26日)このことによって「カリフォルニアの基地は、海兵隊全体の規模縮小の中で、施設に受け入れる余裕が生まれる見通しだ」(同上)

再度言及すれば、ヘリコプター部隊と地上部隊が「一体運用しなくてもよい訓練」と「一体運用しなければいけない訓練」とに分かれるということは、命題「ヘリコプター（回転翼機）部隊と地上戦闘部隊は、常に近接して常駐しなければならない」という「神話」が崩壊することを意味する。[注5]

命題が、神話に過ぎないことを筆者は日本の自衛隊の幹部、元幕僚長等の方々に直接お会いして確認してきた。[注6]

このことを筆者が最初に公表したのは、仲井眞知事も参加、講演した2011年9月19日ワシントンDCのジョージ・ワシントン大学のエリオットスクールで開催した第4回沖縄クエスチョンのシンポジウムの場であった。[注7]

そこでは、私は命題が神話であることを簡潔に述べるにとどめた。

2. 提言「海兵隊移設プラン」：橋本プロポーザル

第1ステップ　今なすべきは目に見える処方箋

「普天間飛行場の5年以内の運用停止」に向けた道筋・アプローチを考えてみる。

辺野古新基地建設が完成するのに要する年数は9年半と言われている。この間普天間飛行場を今までと同じ過密状況で使い続けるのであろうか。世界一危険だと言われる飛行場がいつ惨事に見舞われてもおかしくない。

さらに、新基地辺野古沿岸（大浦湾）の海上沖合で、埋立て作業工事に反対する基地建設反対派との間で危ないせめぎ合いが続いている。いつ大惨事になるかわからない状況である。工事の進展が遅れて、完成まで10年以上かかるかもしれない。このまま突っ走ることは危険極まりないと言わざるをえない。

そこで、今政府が全力で取り組むべき最優先の課題は何かを考えてみた。

仲井眞前知事も埋立てを承認する直前の２０１３年12月に辺野古移設を受け入れる条件として「普天間飛行場の５年以内の運用停止」を安倍首相に申し入れている。

２０１５年の現時点で言えるのは、10年後のことより、目先の５年以内に「政府を挙げて全力で取り組む」（安倍首相）ことを最優先すべきではないか。それは何か。

その前に指摘しておきたいのは、県も沖縄振興法の予算を１円でも多くと獲得しておきながら辺野古埋立て反対に県民の同意を求める考え方・やり方には無理があるということである。また県民も１円でも多く国からカネを取ればよいという考え方にもそろそろ終止符を打つべきであると考える。

２０１４年１月の名護市長選、同年11月の県知事選、12月の衆院選での政府支援側の候補者がことごとく敗北したことは、カネでこころをつかむ手口は限界にきていることを物語っている。その意味で官邸が15年度の沖縄振興予算の計上で不使用や繰越し金をカットし06年の仲井眞知事就任以来、初めて減額に転じたのは正当にして評価できる妥当な処方箋だったといえる。

その上で、沖縄県民意に通底する感情に目を向けるべきである。本稿でも述べてきたように、本土の人々が沖縄県民に対して抱いていると沖縄県民が思っている意識は、次の3点に要約できる。

（1）「差別的状況」

（2）「無関心」

（3）「無理解」

この3点の意識を目に見えるかたちで解決の処方箋を行うことだ。

まず（1）の「差別的状況」から振り返ってみよう。

本稿で既に述べたように沖縄県（企画部企画調整課）が実施した調査（平成24年度）において、沖縄県に全国の米軍専用施設の約74％が存在していることについて、県民の73・9％が「差別的な状況」だと回答している。[注8]

次に、（2）の「無関心」についてである。

〔問〕沖縄の米軍基地が減らないのは本土による沖縄への差別だと思いますか（２０１２年

5月「沖縄県本土復帰40周年を迎えて」沖縄タイムス社と朝日新聞社の共同世論調査、58頁参照)。

この問に「差別だ」と回答した人は、沖縄で50%、全国で29%である。「差別だと思わない」人は沖縄で41%に対し全国では58%、「その他」「答えない」が全国で13%あり、「差別だと思わない」58%を合わせると合計71%になる。「差別だと思わない」と答えている人の中に、沖縄の基地の現実を知らない「無関心」な人がかなり含まれていると思われる。

この全国と沖縄の意識ギャップを埋めることを今日までなおざりにしてきたのではないか。

(3)についての「無理解」は、次の二つに集約される。

①沖縄は、あれだけの優遇されたおカネ(沖縄振興予算)をもらっているのだから基地負担は「当然だ」、あるいは「少しぐらい我慢してもらわなければ」困る。②沖縄に基地がなくなれば、おカネがなくなり、困るのは沖縄県民ではないか。

沖縄の〝不都合な真実〟の真実味

①と②の指摘はどこまで真実味があるのか。まずは歴史的にふり返っておこう。沖縄の基地への様々な過重負担が繰り返される度に、県民は怒りを爆発し、その度に政府は振興策という名のもとに多額のカネを支出して、怒りを鎮めてきたといわれる。一例をあげれば、大田県政

の最終年度の98年には、反基地闘争で政府と激しくやり合って、4713億円という今日までの最高金額を勝ちとった。このような基地と振興策の構図は、沖縄の〝不都合な真実〟として揶揄《やゆ》されてきた。バラマキ（いわゆる島田懇談会事業がその代表例）ありきの「関係」の構図は沖縄を批判する本土の人の恰好《かっこう》のネタとなった。

確かに、沖縄の経済発展に寄与したことも事実である。しかし、第1章で述べたように基地をおしつけられたのが先で、本土のような戦後の経済発展の恩恵を受けることができなかったという重い歴史的事実も知らなければならない、のである。しかし、もはやこのような基地負担の代償として公共事業が先にありきのメカニズムから卒業すべきだと考える。このことに気がついた人々が21世紀の沖縄アイデンティティを支えていると言ってよい。2012年以来の市長選、知事選、衆院選がこのことを証明している。需要がどの程度見込まれるのか判断できないハコモノ行政はランニングコストや維持費がかかって市町村財政を圧迫しているのが現実である。〝不都合な真実〟と言われる真実味を具体的に見てみよう。

①について、実情はどうか。沖縄県への国庫支出金は、13年度決算ベース（東日本大震災被害地の岩手、宮城、福島の3県を除く）では総額3822億円で全国14位、地方交付税は3592億で16位、この二つの合計金額では同17位となっていることに注目したい（総務省のまとめ）。国庫支出金における今までの総額を人口一人当りでみると沖縄県が第1位であるが、

国庫支出金、地方交付税、二つの合計ともに単年度では今まで全国1位になったことは一度もない。

②については、沖縄県経済は基地があるおかげで潤っていると思い込んでいる人が、本土では圧倒的に多いのに驚かされる。

沖縄県民所得の総額に占める基地経済による貢献度の割合はわずか5%である(1972年の復帰時は17%近くあった)。それどころか、基地返還後の跡地開発の経済効果は、基地経済効果をはるかに凌ぐ。現在の那覇新都心地区の発展は目覚ましいものがある。では、普天間基地の返還による経済効果はどうか。県企画部の試算(2015年2月4日)によると、現在の32倍と試算した。

具体的に述べてみよう。普天間の直接経済効果は現在の120億円から返還後は3866億円へ、雇用は現在の1074人から3万4093人へ。税収は14億円から430億円と試算した。「早期返還、早期の跡地利用計画の策定が待たれる」(県企画調整課)理由である。

では、この(1)差別的状況、(2)無関心、(3)無理解を取り除く方法は何か。次の三つに要約してみた。

なすべき現実的処方箋

①アジア太平洋地域の安全保障環境の更なる進展の中で、沖縄の米海兵隊基地解決の方向性を提示する

アジア太平洋地域で米国が推進するリバランス政策の中で、現在の海兵隊は過度に沖縄に偏在しており、地理的配置を見ただけでもやや北に偏っている。東南アジアや南アジアへの即応的対応には適していない。

そこで既に日米安全保障協議委員会（ＳＣＣ）で提示されているように、ハワイ、グアム、ダーウィンにも分散配備してローテーション方式で展開する体制を整えていかなければならない（「第2ステップ　10年後のロードマップ」２００頁参照）。この時、初めて「より力強い同盟とより大きな責任の共有に向けて」（２０１３年10月、ＳＣＣ（２＋２）共同発表）、普天間飛行場の５年以内の運用停止の方向性が示されるであろう。

②オスプレイの本土での分散展開を進める

解決の方向性を示す第一歩が垂直離着陸輸送機ＭＶ－22オスプレイの県外展開である（佐賀空港での展開を具体的に検討中。岩国を始め他の飛行場でも、展開のルール、使用頻度、安全性を透明化して、住民の安心を得ることが求められる）。オスプレイの安全性がつとに懸念されるところであるが、ここ2年間ではもっとも墜落事故が少ない（とは言え、最新では2015年5月17日ハワイ・オアフ島で着陸に失敗し、死者2名を出している。今後の日本全土の展開を考えるならば、日米両国でさらなる危機感の共有と、日本側も参加する原因究明の透明化が求められる）。日本国民、特に沖縄県民の不安感を除去するために更なる安全性が担保されなければならないことは言うまでもない。

航続距離が飛躍的に長く（3900キロメートル）、最大速度520キロメートルも早いオスプレイは海洋地域や離島での展開に有利である。オスプレイを沖縄に常駐させる軍事的メリットも低下するというものだ。なかでも本土での大震災や大惨事に備えてオスプレイの全土的訓練は本土の沖縄基地への理解、負担を共有するきっかけとなることを期待したい。まさに「無関心」「無理解」の解消に貢献すると思われる（日米両政府は、2015年5月12日、米空軍がCV－22オスプレイ10機を横田基地に配備すると発表。輸送機としてのMV－22に比べ、CV－22は夜間や低空飛行など過酷な条件下での機能に優れていると言われる。空中給油が可能なCV－22は、沖縄・尖閣諸島周辺での中国公船の領海侵犯への対応を念頭に行動半径は飛躍的に伸びるが、安全性が問題視される。自衛隊との連携を含め今後の運用のあり方が問われることになる）。

③一体運用を必要としない普天間の回転翼機をローテーション方式で徐々に県外・国外へ

本稿で述べたように、一体運用する必要のない訓練、即ち回転翼機が単独で訓練できるものは、ローテーション方式で5年以内をメドに県外・国外移設（豪州ダーウィン―ハワイ―ペンドルトンなど）に向けて海兵隊の分散移転を進めていくことができる。

既に九州地区では現実に緊急時でなくてもローテーション方式の訓練が行われている。

5「すべての回転翼機は常に地上部隊と近接していなければならない」は神話であるとすれば、沖縄を離れて本土展開が可能だということになる。この時、住民の賛同を得られるように訓練のルール、使用頻度を明示することが重要である。米海兵隊に対しても、日本側はルールを守ることを強く要求すべきであることは言うまでもない（第1章「2．第2期（過度期：1996〜2004）」の中の「ヘリコプター墜落と日米ロードマップの決定」の項を参照）。

②③の実施にはヤマトゥンチュの地元の人々がウチナーンチュ（沖縄の人々）に対してどれだけ「共感」の意識を持っているかが問われる。本書で述べたように、日本全土の平和と繁栄のためには他者（沖縄の人々）あっての自己（本土の人々）という「関係」の構築が「問」われている。[注9]「コミットメント」の意識までは無理でも、「共感」[注10]の意識を持つことは慈悲の心ある日本人にとっては、十分可能であると考える。そのためにこそ日本政府は本土の人々に対する理解と「共感」を得られる広報活動（民意調査を含む）並びに政治的努力（双方コミュニケ

ーション、対話）が求められる。負担の意識が本土の人々に理解され、共感されていると沖縄の人々が実感することができれば、差別されているという意識が徐々に和らいでいくであろう。以上のような処方箋を実施して初めて、「差別的状況」「無関心」「無理解」が解消に向かい、普天間飛行場の5年以内の運用停止に向けた道筋・アプローチが見えてくるだろう。

この章において今まで述べてきたような普天間移設の現実に基づいて、最近の沖縄の歴史や、議論してきた日米同盟の防衛戦略の目的を考慮しつつ、筆者は沖縄に駐留する米海兵隊の移設と普天間問題の解決に向けて、次のようなロードマップを提案する。この提案は、最新のSCCの共同発表（2013年10月3日）に基づいている。

共同発表で述べているように、「より強い同盟とより大きな責任の共有のための両国の戦略的な構想は、1997年の日米防衛協力のための指針の見直し、アジア太平洋地域及びこれを超えた地域における安全保障及び防衛協力の拡大、並びに在日米軍の再編を支える新たな措置の承認を基礎としていく」（SCC共同発表〈日本語〉仮訳）。

第2ステップ　10年後のロードマップ

＊42頁の「主要な在沖海兵隊の構成」参照

―アジア・太平洋地域（米国ペンドルトン―豪州ダーウィン―グアム―ハワイ―日本本土―沖縄）

で、ローテーション方式による統合機動防衛の展開

私のプランにおける最初のステップとして、既にオバマ大統領が「米海兵隊の豪州への常駐計画を発表（2011年11月1日キャンベラにて）したように沖縄のキャンプ・コートニーに本部をおく第3海兵師団（3MD）の多くは日本国外へ移設する用意ができている。このことは現在進められている米国のプランと一致する。地上戦闘部隊である3MDの第4海兵連隊（4MR、キャンプ・シュワブ）と第12海兵連隊（12MR、キャンプ・ハンセン）は主にグアム、ダーウィン（豪）を中心として国外移転する。この実施によって、歩兵・砲兵連隊と一体運用が不可欠とされてきた、第1海兵航空団（1MAW）の回転翼機の航空部隊が駐留する普天間飛行場（MCAS）の機能の大半を国外へ移転することができることになる（神話「すべての回転翼機は、常に地上部隊と近接していなければならない」を参照）。[注11]

一体運用を必要としない沖縄の米海兵隊は、ダーウィン、ハワイ、カリフォルニアの・ペンドルトン（米）に、一時駐留させるローテーション方式で対応する。[注12]

2012年4月の共同声明に従って、「約9千人の米海兵隊の要員が沖縄から日本国外の場所に移転」される。この約束の実現を確かなものにするために、海兵空陸任務部隊（MAGTF）の役割がさらに大きくなる。従って、MAGTFの一つである31海兵遠征

部隊（31ＭＥＵ）は、アジア太平洋地域及びこれを超えた地域においてローテーション方式で再編・運用されることになる。[注13] これに伴い太平洋上を揚陸艦で移動し、[注14] 高速輸送船（ＨＳＶ）の利用も可能となる。[注15]

以上本章で述べたような〝日本は自国の防衛と地域の緊急事態への対処〟[注16] をするために新しい能力を提供することになる。同時に〝日米同盟の抑止力を強化する〟ために、日本国内で日米共同訓練をする既存の自衛隊基地の活用がなされなければならない。

さらに非常時において、海兵隊機をローテーション方式により沖縄本島で展開できるようにする。従って、非常時に海兵隊のヘリコプター部隊（回転翼機）を運用するためのヘリパッドがキャンプ・シュワブなどで建設されなければならない。一方、１ＭＡＷの固定翼機の訓練は、ヘリパッド[注17]では対応できないので、残された１ＭＡＷの固定翼機の訓練は、嘉手納基地の現在の部隊が日本を取り巻く他の基地に分散移転した後で、嘉手納基地で行う。

以上の「真実のコンセプト」から始まる普天間基地の持つ機能のすべてを固定的、恒常的に「県外・国外」に移設し、沖縄県内には普天間基地の持つ機能を一切持たないという完全な「県外・国外移設」案とは異なる一連の「ロードマップ（工程表）」案を統合して私なりの「橋本プロポーザル」と名付けさせていただくことをお許し願いたい。「橋本ロードマップ」案の

最大の特徴は、「真実のコンセプト」で述べたように、一体運用しなくてもよい訓練と、一体運用したほうがよい訓練があることに初めて着眼したことである。

このようなプランでも米国海兵隊は、沖縄に「母基地《マザーベース》」を持ちたいと主張するであろう。九州・沖縄地域（尖閣を含む南シナ海までの地域）の海・空・陸を統合した機能的ローテーション方式で、日本側の分担責任を果たすことができると考える。

3. 結論：沖縄を平和と繁栄の「要石」に

▽「歴史の非共有」から「歴史の共有」へ

ウチナーンチュ（沖縄人）から見たヤマトゥンチュがウチナー（沖縄）に対して抱いていると思っている感情を、先に「今なすべきは目に見える処方箋」で指摘した。

ではヤマトゥンチュの方は今日までウチナーに対してどのような感情を抱いてきたのであろうか。次の3点に要約してみた。

①無関心
②無理解
③歴史の非共有

何百年も前から本土の人は（行政レベルは別として）沖縄に対して「差別的意識」を持っていたとは考えにくい。むしろ無関心・無理解と言ったほうがよいであろう。それが以下に述べるような歴史的変遷を経て「差別的状況」におかれていった沖縄に「差別的意識」を抱く人が出てきたとしても不思議でない。

２０１５年3月12日、辺野古沿岸部で沖縄防衛局による海底ボーリング（掘削）調査が再開されると、海上作業を阻もうとする新基地建設反対派のカヌーとこれを排除しようとする海上保安庁との間で激しいせめぎ合いが毎日のように続いている。このような光景を東京のメディアはやっと報道するようになった。同月23日、翁長知事は海底ボーリング調査を含む移設作業の停止を指示し、応じない場合、許可を取り消す意向の記者会見をするに及んで、初めて全国メディアは大々的に報道した。今後の展開は予断を許さない。政府側にも沖縄県側にも妥協する考えは今のところ全然ないからである。

この状況下で、翁長知事は4月6日に菅官房長官と17日には安倍首相とそれぞれ初の会談を持った結果は予想されたように両者の歩みよりは見られず、平行線のまま終わった。その直後の全国各メディアによる世論調査の結果は、政府対応に「反対」する意見が「賛成」する意見より上回ったことは注目されてよい。

しかし、本土の多くの人々は相変わらず無関心か、関心があっても冷ややかで他人事であると言ったほうがよい。同上の調査でも、自分の住んでいる地域に「基地」を代わりに引き受けるかと尋ねられれば、途端に「反対」する意見が上回る。中にはネット上で明らかな差別的発言が繰り広げられている。なぜ、ここまでもつれるのか。歴史をふり返って整理しておく必要がある。

「歴史の非共有」の第1ステージ

琉球王国は1429年以来独立国として栄え、1609年の薩摩侵攻で「古琉球」の時代は終わった。その後も琉球は、日本と中国の双方との外交関係を維持し、従属関係を確認する「朝貢」を貿易の中心に置いたことは知られている通りである。それでも1850年代に琉米、琉仏、琉蘭の三つの修好通商条約を結んでいたことはまだ独立国として認められていたことになる。しかし、1879年の琉球併合（「琉球処分」）で独立国に幕を閉じた。独立王国として外交条約を結んでいたのが、日本の明治政府によって併合されてしまったのである。こうして近世琉球（第二尚氏後期1609年—1879年）は終わりを告げ、沖縄県が誕生した。

太平洋戦争が終わっても、本土と歴史を共に共有するという「関係」は構築されなかった。まさに沖縄あっての日本という「関係」はずっと機能することはなかったのである。ここに歴史的な「無関心」「無理解」の根源がある。以上のような1945年までのウチナーンチュ―ヤマトゥンチュ「関係」を「歴史の非共有」の第1ステージと位置づけることができる。

「歴史の非共有」の第2ステージ

次に展開されたのは「基地」をキーワードとする「歴史の非共有」の第2ステージである。日本の敗戦によって沖縄は米国の統治下に入り、本土が戦後の平和と成長を享受した時代に、逆行するかの如く「差別的状況」を余儀なくされた。その後のことは本稿第1章で述べた通りである。1609年、1879年に沖縄はアイデンティティ・クライシスに陥ったことになる。このような二段階の歴史の非共有がもたらした状況の累積が、21世紀になって「辺野古」新基地の建設反対という覚醒された今日の沖縄の「アイデンティティ」を確立しようとしているのである。

「歴史の非共有」が続く限り、ウチナーンチュの累積された不満は解消に向かわず、日本の安全保障政策は不安定になる。さらに日米関係に影を落とすことになり、アジア太平洋におけるリバランス政策は機能しなくなる恐れが生じる。

では「歴史の非共有」から脱して「歴史の共有」に持っていくにはどうすればよいのか。ヤマトゥンチュに関心と理解を持ってもらうことが第一のステップであり、そのことは「今なすべきは目に見える処方箋」で述べた通りである。

ウチナーンチュ－ヤマトゥンチュ「関係」に根拠をおく「関係」アプローチに立ち戻れば、ウチナーンチュとヤマトゥンチュとは違《たが》わない、背かない。言い換えれば、区別しない／差別しない「関係」を構築することである。自他を区別しないどころか、先に相手の立場に自己の立場をおく。このことによって相手の思いを理解し、互いに共感することができるのである。まさに禅仏教の思想で言えば「同事」のアプローチである[注18]。

沖縄の歴史を振り返ってみれば、第2次世界大戦中は、沖縄は日本の「捨て石」に、戦後の冷戦時代には日米同盟の軍事的「要石《かなめ》」として使い捨てにされてきた。冷戦後、現在までおいてきぼりにされてきた沖縄が、チェスの駒のように軍事的ハードパワーを一島で引き受けることが誰の目にも不可能となった。その理由は本章で述べたとおりである。

アジア太平洋における地域安全保障の環境変化は沖縄のハードパワーの有効性を減少させている。在沖海兵隊を沖縄に固定化することは今や効率・効果を欠いた古き軍事的産物と言えるのである。今後の沖縄はソフトパワーを備えたアジア太平洋における平和と繁栄の「要石」となることが日米両国ともに求められている（「The Okinawa Question 2011」）。これが真の日米同盟の深化と言える。

私は本章を「動的防衛力の構築に向けた効果的かつ効率的な防衛力整備を着実に実施」（防衛省『我が国の防衛計画ガイドライン（ＮＤＰＧ）』し、さらに新防衛大綱のもとにおける「中期防衛力整備計画（平成26年度～30年度）」で示された統合機動防衛力の実現の一助となることを願って執筆した。

現行プランの（1）辺野古移設案、（2）分散移転なしでの嘉手納統合案、（3）普天間の固定化というオプションでは、日本の動的防衛力を向上させるという目的を達成しないことを述べてきた。本稿が「日米両国の役割及び任務を更新し、21世紀において新たに発生している安全保障上の課題に対処するための、よりバランスのとれた、より実効的な同盟を促進するものである」（日米安全保障協議委員会共同発表、２０１５年4月27日）と信じる。

(Endnotes)

注1　「平成23年度以降に係わる防衛計画の大綱について」２０１０年12月17日安全保障会議及び閣議決定。

注2　レオン・パネッタ（Leon E.Panetta）国防長官による発言。http://armedservices.house.gov/index.cfm/files/serve?File_id=82B8A259-4ACE-4A9D-B839-6568465A068D

注3　２００4年8月13日に沖縄国際大学に海兵隊のヘリコプターが墜落したことはまだ記憶に新しい。こ

の時の訓練は、典型的な地上部隊を必要としない「飛行を伴う確認運転」の訓練であった。ちなみにこの場合の訓練の多くは、500~600メートル級のヘリパッドでも十分可能である。

注4　共同訓練は、1回あたり2週間以内、年間合計56日（8週間）以内。ただし、使用に際した展開と撤収に要する時間は組み入れないと定められている。

注5　その後、2年を経て、琉球新報は、「ヘリの基地と陸上部隊との距離は少なくとも65カイリ（120キロメートル）以内でなければならない」（米国側からの説明とした政府内の文書、2010年4月19日）という文書の存在をはじめて報道した（2013年11月27日）。

在沖海兵隊は、琉球新報の取材に応え、近接していなければならないという「海兵隊の公式な基準・規則には米本国にも確認したが、ない」との見解を示しているという。この報道がなされて初めて、鳩山元首相は県外移設を断念した根拠「65カイリ（約120キロメートル）という距離の基準が満たされることが不可欠である」ということが公式には存在しない「虚構」であることを知ったという（琉球新報、2013年11月27日）。この「虚構」の論理を鳩山元首相は、在任中はおろか2013年11月まで全く知らなかったことを正直に話している。

普天間の移設先として、徳之島案が浮かび上がった時「徳之島と沖縄県との間の距離は192キロあり、あまりにも遠く、一体運用ということであれば、120キロ以内でないといけないということで、アメリカ側からも実現性がない話だと切られました」（鳩山由紀夫元首相「沖縄・宜野湾市講演」2013年2月20日）。

しかし、〝虚構の距離〟（琉球新報、2013年11月27日）が存在することだけが県外・国外移設が不能ということにならない。**「一体運用しなくてもよい訓練と一体運用しなければいけない訓練がある」**という**新命題**は根本的にもっと重要なキーワードである。この隠された（?）事実を鳩山政権が在任中に知っていれば、歴史はまた別の方向に動いたかもしれないのである。

一体運用を必要としない訓練は上記のような「距離の制限」を受けることはないからである。

注6　この命題が、神話に過ぎないことを筆者は、日本の元自衛隊幹部の有識者、元幕僚長などの方々に東郷神社やその他の場所で直接お会いして確認した。その時、ヘリコプター部隊と地上部隊が「一体運用しなくてもよい訓練」と「一体運用しなければいけない訓練」との割合はどのくらいかという質問をさせていただいた。1週間後にいただいた返事は、「**一体運用しなくてもよい訓練**」が2に対し、「**一体運用しなければいけない訓練**」が1という2：1の割合であるとのことだった。納得のいく真実の説明をしていただいたことに心から感謝している。

注7　Akikazu Hashimoto[Dynamic Defense Capabilities and the Futenma Relocation Issue]『沖縄クエスチョン2011』橋本晃和の原稿参照。

注8　平成24年度に実施された第8回県民意識調査は、「本県が策定した初めての総合計画である『沖縄21世紀ビジョン基本計画（平成24年5月）』の推進に資する」（報告書「はしがき」）目的で実施された。

調査対象：沖縄県内に居住する満15歳以上75歳未満の男女個人／標本数：2000／抽出方法：層化二段無作為抽出法／調査方法：留置き法／有効回収数：1612

注9　「沖縄に『基地』があり機能しているお蔭で、本土の人たちが平和で安全な暮らしをしている」と実感している本土の人は極めて少ない。安全保障の観点に立てば、「沖縄」あっての「本土」という「関係」の仏教哲理の基本を今一度本土の人々は取り戻すべきであろう。

注10　沖縄が本土に今、「問」うていることは何かをウチナーンチュ—ヤマトゥンチュの「関係」に立って

論じるとき、アマルティア・セン（Amartya Sen）教授の「共感」と「コミットメント」の概念が有効である。

「共感」とは、人は他人の喜びを自分でもうれしいと思い、他人の苦痛に自らの苦痛を感じるような感情を指す。その人自身の効用の追求が「共感」による行為によって促進されるからである。他者への関心が直接に己の厚生に影響を及ぼす場合に対応する（利己主義）。

「コミットメント」とは、他の選択肢よりも低いレベルの個人的厚生をもたらすということを本人自身がわかっているような行為を選択する。まさに引くに引かれぬ感情、肩入れ、非利己的行為などがそれである。東日本大震災における、様々な人々によるさまざまな行為がその好例である。

注11 「米国は、第3海兵機動展開旅団司令部、第4海兵連隊並びに第3海兵機動展開部隊の航空、陸上及び支援部隊の要素から構成される、機動的な米海兵隊のプレゼンスをグアムに構築するための作業を行っている。」（共同発表：日米安全保障協議委員会（2＋2）〈仮訳〉2012年4月27日）。〔資料3の5〕

注12 「米国政府は、日本国政府に対しローテーションによる米海兵隊の他の要員を同時に移転することを報告した。」（共同発表：日米安全保障協議委員会（2＋2）〈仮訳〉、2012年4月27日）。〔資料3の5〕

注13 「米国は、地域における米海兵隊の兵力の前方プレゼンスを引き続き維持しつつ、地理的に分断された兵力態勢を構築するため、海兵空陸地任務部隊（MAGTAF）を沖縄、グアム及びハワイにおくことを計画しており、ローテーションによるプレゼンスを豪州に構築する意図を有する。」（共同発表：日米安全保障協議委員会（2＋2）〈仮訳〉、2012年4月27日）。〔資料3の5〕

注14 名護市辺野古の新基地建設計画に関して、実態について疑問の声が上がっている。それは、単なる代替施設ではなく更なる機能強化であるというのである。というのは護岸の整備は軍港機能の付与が目的で

はないかというのである。

これに対し安倍晋三首相は「(普天間より滑走路が短くなり)故障した航空機を搬出する輸送機が着陸できなくなるため、代わりに運搬船が接岸できるようにするもので、強襲揚陸艦の運用を前提とするものでは全くない」(衆院本会議においての共産党の志位和夫氏の代表質問に答えて、2015年2月17日)と否定している。

注15 「日本と米国が海兵隊のために追加装備を購入し、日本の領海に事前集積している海兵隊の船舶に積載するならば、非常に重要な問題である東南アジアでの米国の能力は維持できる」(マイク・モチヅキ、マイケル・オハンロン「日本での米軍基地再考を」CNNホームページ、2011年11月4日)

注16 2013・10・3「日米安全保障協議委員会(2+2)共同発表日本語〈仮訳〉」

注17 今までもキャンプ・シュワブ案は、何度も浮上しては消えていったが、拙稿のロードマップで述べているキャンプ・シュワブ案とは内容においては全く異なるものであることは言うまでもない。

注18 「同事」というは不違なり、自(じ)にも不違なり、佗(た)にも不違なり。譬えば人間の如来は人間に同ぜるがごとし、佗をして自に同ぜしめて後に、自をして佗に同ぜしむる道理あるべし、自佗は時に隨うて無窮なり、海の水を辞せざるは同事なり、是故に能く水聚りて海となるなり」(『修証義』第4章)

参考文献

〔第1・3・5章（橋本晃和執筆）〕

朝河貫一著『日本の禍機』講談社学術文書、1987年。

アマルティア・セン著／鈴村興太郎訳『福祉の経済学――財と潜在能力』岩波書店、1988年。

アマルティア・セン著／池本幸生、野上裕生、佐藤仁訳『不平等の再検討――潜在能力と自由』岩波書店、1999年。

アマルティア・セン著／大門毅監訳、東郷えりか訳『アイデンティティと暴力：運命は幻想である』勁草書房、2011年。

アマルティア・セン著／池本幸生訳『正義のアイデア』明石書店、2011年。

内田樹著『街場のメディア論』光文社新書、2010年。

NHK放送文化研究所世論調査部「本土復帰後40年間の沖縄県民意識」『NHK放送文化研究所年報2013』、2013年。

大田昌秀、新川明、稲嶺恵一、新崎盛暉著『沖縄の自立と日本――「復帰」40年の問いかけ』岩波書店、2013年。

沖縄クエスチョン日米行動委員会編『〈沖縄クエスチョン2009沖縄フォーラム〉日米中トライアングルと沖縄クエスチョン――安全保障と歴史認識の共有に向けて』2010年。

沖縄県企画部『第8回県民意識調査報告書くらしについてのアンケート結果（平成24年10月調査）』２０１４年。

沖縄県知事公室地域安全政策課／調査・研究班編『変化する日米同盟と沖縄の役割〜アジア時代の到来と沖縄〜』２０１３年。

河津幸英著『図説　アメリカ海兵隊のすべて』アリアドネ企画、２０１３年。

佐藤優著『サバイバル宗教論』文春新書、２０１４年。

高良倉吉著『琉球王国』岩波新書、１９９３年。

竹沢泰子編『人種概念の普遍性を問う――西洋的パラダイムを超えて』人文書院、２００５年。

辻井喬著『幻花』三月書房、２００７年。

辻井喬著『新祖国論――なぜいま、反グローバリズムなのか』集英社、２００７年。

仲村清司著『本音の沖縄問題』講談社現代新書、２０１２年。

橋本晃和、マイク・モチヅキ、高良倉吉編『中台関係・日米同盟・沖縄――その現実的課題を問う』冬至書房、２００７年。

橋本晃和編著『〈橋本晃和博士退官記念論文集〉21世紀パラダイムシフト――日本のこころとかたちの検証と創造』冬至書房、２００７年。

橋本晃和、マイク・モチヅキ、高良倉吉編『日米中トライアングルと沖縄クエスチョン――安全保障と歴史認識の共有に向けて』冬至書房、２０１０年。

春原剛著『同盟変貌――日米一体化の光と影』日本経済新聞社、２００７年。

防衛省編『日本の防衛――防衛白書〈２０１１〜１４年各版〉』日経印刷、２０１１〜１４年各年。

毎日新聞政治部著『琉球の星条旗——普天間は終わらない』講談社、２０１０年。

前泊博盛著『沖縄と米軍基地』角川書店ｏｎｅテーマ21、２０１１年。

牧野浩隆著『バランスある解決を求めて——沖縄振興と基地問題』文進印刷、２０１０年。

南直哉著『語る禅僧』朝日新聞社、１９９８年。

南直哉著『日常生活のなかの禅』講談社選書メチエ、２００１年。

南直哉著『「問い」から始まる仏教——「私」を探る自己との対話』佼成出版社、２００４年。

南直哉著『「正法眼蔵」を読む——存在するとはどういうことか』講談社選書メチエ、２００８年。

森本敏著『普天間の謎——基地返還問題迷走15年の総て』海竜社、２０１０年。

柳澤協二、半田滋、屋良朝博著『改憲と国防——混迷する安全保障のゆくえ』旬報社、２０１３年。

山田文比古著『オール沖縄VSヤマト——政治指導者10人の証言』青灯社、２０１４年。

吉田健正著『米軍のグアム統合計画沖縄の海兵隊はグアムへ行く』高文研、２０１０年。

若泉敬著『〈新装版〉他策ナカリシヲ信ゼムト欲ス——核密約の真実』文藝春秋、２００９年。

Akikazu Hashimoto, Mike Mochizuki, Kurayosi Takara Editors. *The Okinawa Question and the U.S.-Japan Alliance.* The Sigur Center for Asian Studies, Nansei Shoto Industrial Advancement Center, 2005
Akikazu Hashimoto, Mike Mochizuki, Kurayosi Takara Editors. *The Japan-U.S.Alliance and China-Taiwan Relations Implications for Okinawa.* The Sigur Center for Asian Studies, Nansei Shoto Industrial Advancement Center, 2007
Akikazu Hashimoto, Mike Mochizuki, Kurayosi Takara Editors. *The Okinawa Question Futenma, the US-Japan*

Alliance and Regional Security. The Sigur Center for Asian Studies, Nansei Shoto Industrial Advancement Center, 2013

〔第2章（高良倉吉執筆）〕

新川明著『反国家の兇区』現代評論社、１９７１年。

新川明著『〈増補版〉反国家の兇区——沖縄・自立への視点』社会評論社、１９９６年。

伊波普猷著『沖縄歴史物語——日本の縮図』沖縄青年同盟沖縄事務局、１９４７年。

伊波普猷著／服部四郎、仲宗根政善、外間守善編集『伊波普猷全集』２巻、１９７４年、平凡社。

大城常夫、高良倉吉、真栄城守定編著『沖縄イニシアティブ——沖縄発・知的戦略』ひるぎ社、２０００年。

高良倉吉著『「沖縄」批判序説』ひるぎ社、１９９７年。

橋本晃和、マイク・モチヅキ、高良倉吉編『中台関係・日米同盟・沖縄——その現実的課題を問う』冬至書房、２００７年。

橋本晃和、マイク・モチヅキ、高良倉吉編『日米中トライアングルと沖縄クエスチョン——安全保障と歴史認識の共有に向けて』冬至書房、２０１０年。

真栄城守定、牧野浩隆、高良倉吉編著『沖縄の自己検証——鼎談・「情念」から「論理」へ』ひるぎ社、１９９８年。

読売新聞西部本社文化部編／仲里効、高良倉吉著『「沖縄問題」とは何か——対論』弦書房、２００７年。

〔第4章（マイク・モチヅキ執筆）〕

秋山昌廣著『日米の戦略対話が始まった――安保再定義の舞台裏』亜紀書房、2002年。

NHK取材班著『基地はなぜ沖縄に集中しているのか』NHK出版、2011年。

沖縄県知事公室基地対策課「沖縄の米軍基地」2013年3月。

沖縄県知事公室地域安全政策課／調査・研究班編『変化する日米同盟と沖縄の役割～アジア時代の到来と沖縄～』2013年。

乗松聡子著「鳩山の告白――抑止力という神話と海兵隊基地県外移転の失敗」『アジア太平洋ジャーナル』第9巻第3号、2011年2月28日。

毎日新聞政治部著『琉球の星条旗――普天間は終わらない』講談社、2010年。

牧野浩隆著『バランスある解決を求めて――沖縄振興と基地問題』牧野浩隆著作刊行委員会、2010年。

孫崎享著『日本人のための戦略的思考入門――日米同盟を超えて』祥伝社新書、2010年。

森本敏著『普天間の謎――基地返還問題迷走15年の総て』海竜社、2010年。

守屋武昌著「地元利権に振り回される普天間」『中央公論』2010年1月号。

守屋武昌著『「普天間」交渉秘録』新潮社、2010年。

Andrew Yeo. *Activists, Alliances, and Anti-U.S. Base Protests.* New York: Cambridge University Press, 2011
Gavan McCormack and Satoko Oka Norimatsu. *Resistant Islands: Okinawa Confronts Japan and the United States.* Lanham: Rowman & Littlefield Publishers, 2012
Jeffrey A. Bader. Obama and *China's Rise: An Insider's Account of America's Asia Strategy.* Washington, D.C.: Brookings Institution Press, 2012

Masamichi Inoue. *Okinawa and the U.S. Military: Identity Making in the Age of Globalization.* New York: Columbia University Press, 2007

Michael O'Hanlon and Mike Mochizuki, *Crisis on the Korean Peninsula: How to Deal with a Nuclear North Korea.* McGraw-Hill, 2003

Michael J. Lostumbo, et. al. *Overseas Basing of U.S. Military Forces: An Assessment of Relative Costs and Strategic Benefits.* Santa Monica, CA; RAND Corporation, 2013

Mike M. Mochizuki Editors. *Toward a True Alliance: Restructuring U.S.-Japan Security Relations.* Washington, D.C.: Brookings Institution, 1997

Miyume Tanji. *Myth, Protest and Struggle in Okinawa.* London: Routledge, 2006

Akikazu Hashimoto, Mike Mochizuki & Kurayoshi Takara Editors. *The Okinawa Question: Futenma, the US-Japan Alliance and Regional Security.* Washington, D.C.: Sigur Center for Asian Studies, 2013

Richard C. Bush. *Untying the Knot: Making Peace in the Taiwan Strait.* Brookings Institution, 2005

Richard C. Bush and Michael E. O'Hanlon. *A War Like No Other: the Truth about China's Challenge to America.* New York: John Wiley & Sons, Inc., 2007

Robert G. Sutter et. al. *Balancing Acts: The U.S. Rebalance and Asia-Pacific Stability.* Washington, D.C.: Elliott School of International Affairs, August 2013

U.S. Marine Corps. *Expeditionary Force 21*, March 2014, [http://www.mccdc.marines.mil/Portals/172/Docs/MCCDC/EF21/EF21_USMC_Capstone_Concept.pdf]

William Brooks. "The Politics of the Futenma Base Issue in Okinawa: Relocation Negotiations in 1995-97, 2005-

2006," *Asia-Pacific Policy Papers Series.* Washington,
D.C.: Reischauer Center for East Asian Studies of John Hopkins University Paul Nitze School of Advanced International Studies, 2010

Yuki Tatsumi. " The Defense Policy Review Initiative from the Perspective of the United States" in Yuki Tatsumi (ed.), *Strategic Yet Strained: US Force Realignment in Japan and Its Effect on Okinawa.* Washington, D.C.: Stimson Center, September 2008

資料1　沖縄基地問題と普天間関連年表

1945	8	日本の敗戦と同時に米軍による沖縄占領政策
1953	4	土地収用令を公布　「銃剣とブルドーザー」
1956	6	島ぐるみ闘争始まる
1959	6	石川市（当時）の宮森小学校にジェット機が墜落し、多数の児童を殺傷する
1960	4	安保改革とともに沖縄県祖国復帰協議会（復帰協）の結成
1969	11	沖縄の「核抜き本土並み　72年返還」合意
1970	12	コザ（現沖縄市）暴動（Koza Riot）
1972	5	沖縄本土復帰
		基地の〈全面撤去〉派が〈整理縮小〉派を上回る
1978	12	復帰後、初の保守県政（1978〜1990）の誕生
		——以降、〈全面撤去〉派と〈整理縮小〉派が拮抗
1995	9	少女暴行事件が発生
	10	8万5000名が参加した「県民総決起大会」開催
	11	「沖縄に関する特別行動委員会」（SACO）発足
1996	4	SACO開かれる
	4・12	橋本首相とモンデール米国駐日大使が普天間飛行場の5〜7年以内の全面返還を発表
	12	日米両政府（5〜7年以内の）普天間基地返還で最終合意

	12・2	SACO最終報告に「沖縄本島東海岸沖」に普天間の代替施設が盛り込まれる ——以降、基地の〈整理縮小〉派が〈全面撤去〉派を上回る
1998	2	大田昌秀知事が海上ヘリ基地反対を表明
1999	11・15	県知事選で軍民共用空港案を公約とした稲嶺惠一氏が初当選
	11・22	稲嶺知事が名護市辺野古沿岸域を普天間の移転先と発表
	12	政府は普天間飛行場の移設先として名護市辺野古を閣議決定
	12・27	岸本名護市長が条件付きで移設受け入れ表明
2002	5	本土復帰30年 経済振興策の優先を掲げて稲嶺県知事再選
2003	11	ラムズフェルド国防長官沖縄訪問。普天間飛行場視察、早期移設を指示
2004	8・13	CH－53Dヘリコプター沖縄国際大学へ墜落
2005	10・29	「日米同盟　未来のための変革と再編」、日米安全保障協議委員会（SCC、通称「2＋2」）で普天間の「沿岸移設案」などの米軍再編中間報告合意 稲嶺惠一知事が政府に沿岸案（L字型）拒否を伝える ——以降、〈整理縮小〉派の中でも、国外移設の主張が増加（2005・9共同通信と琉球新報の共同調査による）
2006	4・7	名護市辺野古のキャンプ・シュワブ沿岸部に2本の滑走路をV字型に建設する現行計画で政府と名護市と宜野座村が基本合意
	5	「再編実施のための日米ロードマップ」、SCCで米軍再編の最終報告に合意（キャンプ・シュワブ沿岸部にV字型の2本の滑走路を建設する計画に変更）
	11・19	県知事選で現行計画を容認せず、「沖合移動」を求めた仲井眞弘多氏が初当選（辺野古移設で条件付き賛成）
2008	6	県議選で与野党勢力逆転（仲井眞知事少数与党へ）

2009 7 県議会が辺野古沿岸への新基地建設に対する反対決議の意見書を可決
4 政府、オスプレイ配備を記載していない「環境アセス準備書」縦覧
5・13 グアム移転協定が国会で承認される
9 自民党から民主党へ政権交代
鳩山新首相「県外移設が前提」と表明。その後鳩山首相「少なくとも県外へ」と表明
2010 1 名護市長選で移設反対の稲嶺進氏が初当選
5 鳩山政権「辺野古移設」へ逆戻り（無党派層6割を超す）
10・16 仲井眞知事が同年11月の知事選の出馬会見で「普天間の県外移設を求める」と初明言
11 「県内移設は困難」で仲井眞知事再選
2011 6・21 SCCで、辺野古に建設する普天間の代替施設を埋立て工法によるV字型滑走路に決定
9 「沖縄クエスチョン2011」第4回シンポ（ワシントンDC）で仲井眞知事「普天間基地は県外に」とスピーチ。その後、2013年12月まで主張を変えず
10 パネッタ国防長官来日
11 オバマ大統領 オーストラリア・ダーウィンにて会見。「在沖海兵隊3300人をダーウィンに移駐する」と発表
2012 1 米国、「新国防戦略」発表
2 在日米軍再編のロードマップ（2006）見直しに関する共同文書を発表
4・28 SCC（2+2）、共同文書発表。辺野古案を「これまでに確認された唯一の有効な解決策」と記述
5 民意「沖縄の基地集中は差別」が顕在化（沖縄本土復帰40周年）
6 沖縄県議選結果、民意は「県外・国外へ」定着

10・1 垂直離着陸輸送機MV－22オスプレイ沖縄配備

12 衆院選で自公政権復活、安倍自公連立政権誕生

2013

1・28 県内41市町村の代表らが「島ぐるみ会議」を結成し、「建白書」（1．垂直離着陸輸送機オスプレイの配備を直ちに撤回すること、2．普天間基地の即時閉鎖と県内移設断念）を安倍首相に手渡す

3 政府は「普天間飛行場代替施設建設事業に係わる公有水面埋立承認申請書」を沖縄県に提出

4 嘉手納以南の土地の返還計画共同発表（2022年を目処とする）

4・28 日本政府主催の4・28「主権回復の日」式典が開催されて、地元沖縄で猛反発

6 参院選、自民公約で「県内辺野古移設」を明記。自民党沖縄県連は県外移設を公約とするも、その後、「県内辺野古移設」へ逆戻り

7 参院選で、自民党圧勝。自公連立与党で過半数を獲得

10 SCC共同発表

11・25 自民党の県関係国会議員5人が石破茂幹事長と会談。「辺野古を含むあらゆる可能性を排除しない」と確認

12・12 マイク・モチヅキ、橋本晃和「沖縄クエスチョン」プロジェクトの最終章として具体的「普天間移設解決の現実的プラン」を発表（ワシントンDCにて記者会見）

12・25 沖縄振興予算の満額回答を受けて、仲井眞知事の「いい正月になる」発言が波紋を呼ぶ

12・27 仲井眞知事、安倍首相と会談し、辺野古埋立て申請を承認

知事、行政上の手続きとして「辺野古移設」を承認する。ただし、「普天間は県外・国外移設するほうが解決が早いという考えは変わらず。」と表明

2014

1・19 名護市長選で辺野古移設に反対する稲嶺進氏が再選

3・4 この頃から、仲井眞知事は積極的に辺野古移設の推進を強調

4・27 沖縄市長選、自公推薦の桑江朝千夫氏が2期続いた革新市政の後継者を破って初当選

7 垂直離着陸輸送機MV－22オスプレイ、暫定的に佐賀空港へと小野寺防衛相が発言

8・18 辺野古で海底ボーリング調査開始、県が埋立て工事に向け、岩礁破砕を許可（その後一時中断）

11・16 沖縄県知事選挙で翁長雄志氏が10万票の大差で仲井眞知事に圧勝

12・14 自民党は有権者に対する得票総数で減少するも、戦後最低の投票率（52・65％ 比例区）に支えられて圧勝する。第3次安倍自公連立政権の誕生。

2015

1・15 辺野古沿岸部で仮設桟橋の再設置作業（海底ボーリング調査の事実上の再開）

3・12 沖縄防衛局が辺野古の海底ボーリング調査を再開。2014年9月以来

3・23 翁長知事が沖縄防衛局に1週間以内に作業を停止するように指示。応じない場合は岩礁破砕許可を取り消すと言明

3・24 政府が対抗措置として、関連法を所管する林芳正農相に執行停止申立書と審査請求書を提出。政府と沖縄県の対立先鋭化

3・30 林農水相が、翁長知事による停止指示の効力を一時的にとめることを決定

4・5 菅義偉官房長官と翁長知事が初の会談

4・17 安倍首相と翁長知事が初の会談

4・28 安倍首相、オバマ大統領と会談、18年ぶりに「日米防衛協力の指針（ガイドライン）を改定

4・29 翁長知事、臨時会見を開き、「辺野古が唯一の解決策」（ＳＣＣ）は固定観念と批判

資料2 「沖縄クエスチョン」日米行動委員会――主な活動実績　日米同盟の変遷の中で

沖縄クエスチョン2004「沖縄クエスチョンと日米同盟」

2003年　10月21～22日　沖縄クエスチョン2004日米行動委員会ワークショップ（東京）
11月　ラムズフェルド国防長官、沖縄基地視察
2004年　3月11日　沖縄クエスチョン2004日米行動委員会シンポジウム（ワシントンDC）
8月13日　CH－53Dヘリコプター沖縄国際大学へ墜落
3月　『沖縄クエスチョンと日米同盟』出版（英語版）
2005年　10月29日　日米同盟　未来のための変革と再編

沖縄クエスチョン2006「中台関係・日米同盟・沖縄―その現実的課題を問う」

2005年　11月18日　沖縄クエスチョン2006日米行動委員会ワークショップ（ワシントンDC）
2006年　1月　沖縄クエスチョン講演会（沖縄）
5月1日　再編実施のための日米ロードマップ
5月17日　沖縄クエスチョン2006日米行動委員会シンポジウム（東京）
2007年　1月　沖縄クエスチョン講演会（沖縄）
5月1日　共同発表　同盟の変革　日米の安全保障及び防衛協力の進展
5月　『中台関係・日米同盟・沖縄』出版（日本語版・英語版）

沖縄クエスチョン2009「日米中トライアングルと沖縄クエスチョン―安全保障と歴史認識の共有に向けて」

2007年　10月15日　沖縄クエスチョン2009日米行動委員会ワークショップ（東京）
2008年　2月　沖縄クエスチョン講演会（沖縄）
5月　上海訪問・意見交換会
2009年　1月9日　沖縄クエスチョン2009日米行動委員会シンポジウム（ワシントンDC）
2010年　3月　『日米中トライアングルと沖縄クエスチョン』出版
3月19日　沖縄クエスチョン2009「沖縄フォーラム」（沖縄）
「日米中トライアングルと沖縄クエスチョン～安全保障と歴史認識の共有に向けて～」上海から3名の有識者が来沖

沖縄クエスチョン2011「地域安全保障・日米同盟・普天間」

2010年　10月25日　沖縄クエスチョン2011日米行動委員会ワークショップ（東京）
「安全保障、エネルギー、環境に関する地域協力：日米同盟と沖縄にとっての意味」
2011年　9月19日　沖縄クエスチョン2011日米行動委員会シンポジウム（ワシントンDC）
知事キーノートスピーチ「普天間基地は県外に」
11月　オバマ大統領　豪州ダーウィンにて会見
「在沖海兵隊3300人をダーウィンに移駐する」と発表
2012年　1月　米国、新国防戦略発表
2月8日　在日米軍再編のロードマップ（2006）見直しに関する共同文書を発表
5月15日　沖縄本土復帰40周年
2013年　12月12日　『沖縄クエスチョン　普天間、日米同盟と地域安全保障』出版（英語版）
マイク・モチヅキ、橋本晃和が出版記者会見（於：ナショナルプレスクラブ、ワシントンDC）

資料3　文書類――「日米安全保障協議委員会（2＋2）」ほか

[1] SACO中間報告〈仮訳〉

1996年4月15日

池田外務大臣
臼井防衛庁長官
ペリー国防長官
モンデール駐日大使

沖縄に関する特別行動委員会（SACO）は、1995年11月に、日本国政府及び米国政府によって設置された。両国政府は、沖縄県民の負担を軽減し、それにより日米同盟関係を強化するために、SACOのプロセスに着手した。

この共同の努力に着手するに当たり、SACOのプロセスの付託事項及び指針が日米両国政府により合意された。すなわち、日米双方は、日米安保条約及び関連取極の下におけるそれぞれの義務との両立を図りつつ、沖縄県における米軍の施設及び区域を整理、統合、縮小し、また、沖縄県における米軍の運用の方法を調整する方策について、SACOが日米安全保障協議委員会（SCC）に対し勧告を作成することに合意した。このようなSACOの作業は、1年で完了するものとされている。

SACOは、日米合同委員会とともに作業しつつ、一連の集中的かつ綿密な協議を行ってきた。これらの協議の結果、SACO及び日米合同委員会は、これまでに騒音軽減のイニシアティヴ及び運用の方法の調整などの地位協定に関連する事項に対処するためのいくつかの具体的な措置を公表した。

本日、SCCにおいて、池田大臣、臼井長官、ペリー長官及びモンデール大使は、これまでにSACOにおいて行われてきた協議に基づき、いくつかの重要なイニシアティヴに合意した。これらの措置は、実施されれば、在日米軍の能力及び即応態勢を十分に維持しつつ、沖縄県の地域社会に対する米軍の活動の影響を軽減することとなろう。沖縄県における米軍の施設及び区域の総面積は、約20パーセント減少すると見積もられる。

SCCは、これらの措置を遅滞なく、適時に実施することの重要性を強調し、SACOに対し、1996年11月までに、具体的な実施スケジュールを付した計画を完成し、勧告するよう指示した。米軍の活動の沖縄に対する影響を最小限にするため、日本国政府及び米国政府は以下を実施するため協力する。

土地の返還

普天間飛行場を返還する。

今後5~7年以内に、十分な代替施設が完成した後、普天間飛行場を返還する。施設の移設を通じて、同飛行場の極めて重要な軍事上の機能及び能力は維持される。このためには、沖縄県における他の米軍の施設及び区域における ヘリポートの建設、嘉手納飛行場における追加的な施設の整備、KC－130航空機の岩国飛行場への移駐（騒音軽減イニシアティヴの実施を参照。）及び危険に際しての施設の緊急使用についての日米共同の研究が必要となる。

海への出入りを確保した上で北部訓練場の過半を返還する。

米軍による安波訓練場（陸上部分）の共同使用を解除する。

ギンバル訓練場を返還する。

施設は沖縄県における他の米軍の施設及び区域に移設する。

楚辺通信所を返還する。

今後5年の間にキャンプ・ハンセン（中部訓練場）に新たな通信所が建設された後に楚辺通信所を返還する。

読谷補助飛行場を返還する。

パラシュート降下訓練は、移転する。

キャンプ桑江の大部分を返還する。

海軍病院及びキャンプ桑江内のその他の施設を沖縄県における他の米軍の施設及び区域に移設する。

瀬名波通信施設を返還する。

瀬名波通信施設及びこれに関連する施設をトリイ通信所及び沖縄県における他の米軍の施設及び区域に移設し、土地の返還を可能にする。

牧港補給地区の一部を返還する

国道58号に隣接する土地を返還する。

住宅地区の統合により土地を返還する。

沖縄県における米軍住宅地区を統合するための共同計画を作成し、それによって、キャンプ桑江（レスター）及びキャンプ瑞慶覧（フォスター）を含む古い住宅地区の土地の相当な部分の返還を可能にする。

那覇港湾施設の返還を加速化する。

浦添に新たな港湾施設を建設し、那覇港湾施設の返還を可能にする。

訓練及び運用の方法の調整

県道104号線越え実弾砲兵射撃訓練を取りやめる。但し、危機の際に必要な砲兵射撃は除く。

155ミリ実弾砲兵射撃訓練は日本本土に移転する。

パラシュート降下訓練を伊江島に移転する。

沖縄県の公道における行軍を取りやめる。

騒音軽減イニシアティヴの実施

日米合同委員会によって公表された嘉手納飛行場及び普天間飛行場における航空機騒音規制措置に関する合意を実施する。

KC－130（ハーキュリーズ）航空機を移駐し、その支援施設を移設し、また、AV－8（ハリア―）航空機を移駐する。

現在普天間飛行場に配備されているＫＣ―１３０航空機を岩国飛行場に移駐し、その支援施設を岩国飛行場に移設するとともに、ほぼ同数のハリアー航空機を米国へ移駐する。

嘉手納飛行場における海軍のＰ―３航空機の運用及び支援施設を海軍駐機場から主要滑走路の反対側へ移転し、ＭＣ―１３０航空機の運用を海軍駐機場から移転する。

嘉手納飛行場に新たな遮音壁を設置する。

普天間飛行場における夜間飛行訓練の運用を制限する。

地位協定の運用の改善

米軍航空機の事故についての情報を適時に提供するための新たな手続を確立する。

日米合同委員会の合意を一層公表することを追求する。

米軍の施設及び区域への立入りについてのガイドラインを再点検し、公表する。

米軍の公用車両の表示に関する措置についての合意を実施する。

任意自動車保険に関する教育計画を拡充する。

検疫に関する手続を再点検し、公表する。

キャンプ・ハンセンにおける使用済み弾薬類の除去についてのガイドラインを公表する。

日米双方は、米軍のレクリエーション施設を含め、追加的な事項につき引き続き検討することに合意した。

※傍線は筆者による。

（出典：防衛省HP〈以下、同じにて省略〉）

2 日米同盟：未来のための変革と再編〈仮訳〉

２００５年10月29日

ライス国務長官

ラムズフェルド国防長官

町村外務大臣

大野防衛庁長官

I．概観

日米安全保障体制を中核とする日米同盟は、日本の安全とアジア太平洋地域の平和と安定のために不可欠な基礎である。同盟に基づいた緊密かつ協力的な関係は、世界における課題に効果的に対処する上で重要な役割を果たしており、安全保障環境の変化に応じて発展しなければならない。以上を踏まえ、2002年12月の安全保障協議委員会以降、日本及び米国は、日米同盟の方向性を検証し、地域及び世界の安全保障環境の変化に同盟を適応させるための選択肢を作成するため、日米それぞれの安全保障及び防衛政策について精力的に協議した。

2005年2月19日の安全保障協議委員会において、閣僚は、共通の戦略目標についての理解に到達し、それらの目標を追求する上での自衛隊及び米軍の役割・任務・能力に関する検討を継続する必要性を強調した。また、閣僚は、在日米軍の兵力構成見直しに関する協議を強化することとし、事務当局に対して、これらの協議の結果について速やかに報告するよう指示した。

本日、安全保障協議委員会の構成員たる閣僚は、新たに発生している脅威が、日本及び米国を含む世界中の国々の安全に影響を及ぼし得る共通の課題として浮かび上がってきた、安全保障環境に関する共通の見解を再確認した。また、閣僚は、アジア太平洋地域において不透明性や不確実性を生み出す課題が引き続き存在していることを改めて強調し、地域における軍事力の近代化に注意を払う必要があることを強調した。この文脈で、双方は、2005年2月19日の共同発表において確認された地域及び世界における共通の戦略目標を追求するために緊密に協力するとのコミットメントを改めて強調した。

閣僚は、役割・任務・能力に関する検討内容及び勧告を承認した。また、閣僚は、この報告に含まれた再編に関する勧告を承認した。これらの措置は、新たな脅威や多様な事態に対応するための同盟の能力を向上させるためのものであり、全体として地元に与える負担を軽減するものである。これによって、安全保障が強化され、同盟が地域の安定の礎石であり続けることが確保される。

（中略）

○普天間飛行場移設の加速：沖縄住民が米海兵隊普天間飛行場の早期返還を強く要望し、いかなる普天間飛行場代替施設であっても沖縄県外での設置を希望していることを念頭に置きつつ、双方は、将来も必要であり続ける抑止力を維持しながらこれらの要望を満たす選択肢について検討した。双方は、米海兵隊兵力のプレゼンスが提供する緊急事態への迅速な対応能力は、双方が地域に維持することを望む、決定的に重要な同盟の能力である、と判断した。さらに、双方は、航空、陸、後方支援及び司令部組織から成るこれらの能力を維持するためには、定期的な訓練、演習及び作戦においてこれらの組織が相互に連携し合うことが必要であり続けるということを認識した。このような理由から、双方は、普天間飛行場代替施設は、普天間飛行場に現在駐留する回転翼機が、日常的に活動をともにする他の組織の近くに位置するよう、沖縄県内に設けられなければならないと結論付けた。

○双方は、海の深い部分にある珊瑚礁上の軍民共用施設に普天間飛行場を移設するという、

１９９６年の沖縄に関する特別行動委員会（ＳＡＣＯ）の計画に関連する多くの問題のために、普天間飛行場の移設が大幅に遅延していることを認識し、運用上の能力を維持しつつ、普天間飛行場の返還を加速できるような、沖縄県内での移設のあり得べき他の多くの選択肢を検討した。双方は、この作業において、以下を含む複数の要素を考慮した。

・近接する地域及び軍要員の安全

・普天間飛行場代替施設の近隣で起こり得る、将来的な住宅及び商業開発の態様を考慮した、地元への騒音の影響

・環境に対する悪影響の極小化

・平時及び緊急時において運用上及び任務上の所要を支援するための普天間飛行場代替施設の能力

・地元住民の生活に悪影響を与えかねない交通渋滞その他の諸問題の発生を避けるために、普天間飛行場代替施設の中に必要な運用上の支援施設、宿泊及び関連の施設を含めること

○このような要素に留意しつつ、双方は、キャンプ・シュワブの海岸線の区域とこれに近接する大浦湾の水域を結ぶＬ字型に普天間代替施設を設置する。同施設の滑走路部分は、大浦湾から、キャンプ・シュワブの南側海岸線に沿った水域へと辺野古崎を横切ることになる。北東から南西の方向に配置される同施設の下方部分は、滑走路及びオーバーランを含み、護岸を除いた合計の長さが１８００メートルとなる。格納庫、整備施設、燃料補給用の桟橋及び関連設備、並びに新たな施設の運用上必要なその他の航空支援活動は、代替施設のうち大浦湾内に建設される予定の区域に置かれる。さら

に、キャンプ・シュワブ区域内の施設は、普天間飛行場に関連する活動の移転を受け入れるために、必要に応じて、再編成される。(参照：2005年10月26日付のイニシャルされた概念図)

○両政府は、普天間飛行場に現在ある他の能力が、以下の調整が行われた上で、SACO最終報告にあるとおり、移設され、維持されることで一致した。

・SACO最終報告において普天間飛行場から岩国飛行場に移駐されることとなっているKC－130については、他の移駐先として、海上自衛隊鹿屋基地が優先して、検討される。双方は、最終的な配置の在り方については、現在行われている運用上及び技術上の検討を基に決定することとなる。

・緊急時における航空自衛隊新田原基地及び築城基地の米軍による使用が強化される。この緊急時の使用を支援するため、これらの基地の運用施設が整備される。また、整備後の施設は、この報告の役割・任務・能力の部分で記載されている、拡大された二国間の訓練活動を支援することとなる。

・普天間飛行場代替施設では確保されない長い滑走路を用いた活動のため、緊急時における米軍による民間施設の使用を改善する。

○双方は、上述の措置を早期に実現することが、長期にわたり望まれてきた普天間飛行場返還の実現に加えて、沖縄における海兵隊のプレゼンスを再編する上で不可欠の要素であることを認識した。

○兵力削減：上記の太平洋地域における米海兵隊の能力再編に関連し、第3海兵機動展開部隊（III

MEF）司令部はグアム及び他の場所に移転され、また、残りの在沖縄海兵隊部隊は再編されて海兵機動展開旅団（MEB）に縮小される。この沖縄における再編は、約7000名の海兵隊将校及び兵員、並びにその家族の沖縄外への移転を含む。これらの要員は、海兵隊航空団、戦務支援群及び第3海兵師団の一部を含む、海兵隊の能力（航空、陸、後方支援及び司令部）の各組織の部隊から移転される。

（後略）

※傍線は筆者による。

3 再編実施のための日米のロードマップ

2006年5月1日

ライス国務長官
ラムズフェルド国防長官
麻生外務大臣
額賀防衛庁長官

概観

２００５年10月29日、日米安全保障協議委員会の構成員たる閣僚は、その文書「日米同盟：未来のための変革と再編」において、在日米軍及び関連する自衛隊の再編に関する勧告を承認した。その文書において、閣僚は、それぞれの事務当局に対して、「これらの個別的かつ相互に関連する具体案を最終的に取りまとめ、具体的な実施日程を含めた計画を２００６年3月までに作成するよう」指示した。この作業は完了し、この文書に反映されている。

再編案の最終取りまとめ

個別の再編案は統一的なパッケージとなっている。これらの再編を実施することにより、同盟関係にとって死活的に重要な在日米軍のプレゼンスが確保されることとなる。

これらの案の実施における施設整備に要する建設費その他の費用は、明示されない限り日本国政府が負担するものである。米国政府は、これらの案の実施により生ずる運用上の費用を負担する。両政府は、再編に関連する費用を、地元の負担を軽減しつつ抑止力を維持するという、２００５年10月29日の日米安全保障協議委員会文書におけるコミットメントに従って負担する。

実施に関する主な詳細

1．沖縄における再編

（a）普天間飛行場代替施設

●日本及び米国は、普天間飛行場代替施設を、辺野古岬とこれに隣接する大浦湾と辺野古湾の水域を結ぶ形で設置し、V字型に配置される2本の滑走路はそれぞれ1600メートルの長さを有し、2つの100メートルのオーバーランを有する。各滑走路の在る部分の施設の長さは、護岸を除いて1800メートルとなる（別添の2006年4月28日付概念図参照）。この施設は、合意された運用上の能力を確保するとともに、安全性、騒音及び環境への影響という問題に対処するものである。

●合意された支援施設を含めた普天間飛行場代替施設をキャンプ・シュワブ区域に設置するため、キャンプ・シュワブの施設及び隣接する水域の再編成などの必要な調整が行われる。

●普天間飛行場代替施設の建設は、2014年までの完成が目標とされる。

●普天間飛行場代替施設への移設は、同施設が完全に運用上の能力を備えた時に実施される。

●普天間飛行場の能力を代替することに関連する、航空自衛隊新田原基地及び築城基地の緊急時の使用のための施設整備は、実地調査実施の後、普天間飛行場の返還の前に、必要に応じて、行われる。

●民間施設の緊急時における使用を改善するための所要が、二国間の計画検討作業の文脈で検討され、普天間飛行場の返還を実現するために適切な措置がとられる。

●普天間飛行場代替施設の工法は、原則として、埋立てとなる。

●米国政府は、この施設から戦闘機を運用する計画を有していない。

（b）兵力削減とグアムへの移転

●約8000名の第3海兵機動展開部隊の要員と、その家族約9000名は、部隊の一体性を維持するような形で2014年までに沖縄からグアムに移転する。移転する部隊は、第3海兵機動展開部隊の指揮部隊、第3海兵師団司令部、第3海兵後方群（戦務支援群から改称）司令部、第1海兵航空団司令部及び第12海兵連隊司令部を含む。

●対象となる部隊は、キャンプ・コートニー、キャンプ・ハンセン、普天間飛行場、キャンプ瑞慶覧及び牧港補給地区といった施設から移転する。

●沖縄に残る米海兵隊の兵力は、司令部、陸上、航空、戦闘支援及び基地支援能力といった海兵空地任務部隊の要素から構成される。

●第3海兵機動展開部隊のグアムへの移転のための施設及びインフラの整備費算定額102・7億ドルのうち、日本は、これらの兵力の移転が早期に実現されることへの沖縄住民の強い希望を認識しつつ、これらの兵力の移転が可能となるよう、グアムにおける施設及びインフラ整備のため、28億ドルの直接的な財政支援を含め、60・9億ドル（2008米会計年度の価格）を提供する。米国は、グアムへの移転のための施設及びインフラ整備費の残りを負担する。これは、2008米会計年度の価格で算定して、財政支出31・8億ドルと道路のための約10億ドルから成る。

（後略）

※傍線は筆者による。

4 共同発表：日米安全保障協議委員会（「2＋2」）〈仮訳〉

2010年5月28日

岡田外務大臣
北澤防衛大臣
クリントン国務長官
ゲイツ国防長官

2010年5月28日、日米安全保障協議委員会（SCC）の構成員たる閣僚は、日米安全保障条約の署名50周年に当たる本年、日米同盟が日本の防衛のみならず、アジア太平洋地域の平和、安全及び繁栄にとっても引き続き不可欠であることを再確認した。北東アジアにおける安全保障情勢の最近の展開により、日米同盟の意義が再確認された。この点に関し、米国は、日本の安全に対する米国の揺るぎない決意を再確認した。日本は、地域の平和及び安定に寄与する上で積極的な役割を果たすとの決意を再確認した。さらに、SCCの構成員たる閣僚は、沖縄を含む日本における米軍の堅固な前方のプレゼンスが、日本を防衛し、地域の安定を維持するために必要な抑止力と能力を提供することを認識した。SCCの構成員たる閣僚は、日米同盟を21世紀の新たな課題にふさわしいものとすることができるよう幅広い分野における安全保障協力を推進し、深化させていくことを決意した。

閣僚は、沖縄を含む地元への影響を軽減するとの決意を再確認し、これによって日本における米軍の持続的なプレゼンスを確保していく。この文脈において、SCCの構成員たる閣僚は、同盟の変革と再編のプロセスの一環として、普天間飛行場を移設し、同飛行場を日本に返還するとの共通の決意を表明した。

閣僚は、このSCC発表によって補完された、2006年5月1日のSCC文書「再編の実施のための日米ロードマップ」に記された再編案を着実に実施する決意を確認した。

閣僚は、2009年2月17日の在沖縄海兵隊のグアム移転に係る協定（グアム協定）に定められたように、第三海兵機動展開部隊（MEF）の要員約8000人及びその家族約9000人の沖縄からグアムへの移転は、代替の施設の完成に向けての具体的な進展にかかっていることを再確認した。グアムへの移転は、嘉手納以南の大部分の施設の統合及び返還を実現するものである。

このことを念頭に、両政府は、この普天間飛行場の移設計画が、安全性、運用上の所要、騒音による影響、環境面の考慮、地元への影響等の要素を適切に考慮しているものとなるよう、これを検証し、確認する意図を有する。

両政府は、オーバーランを含み、護岸を除いて1800mの長さの滑走路を持つ代替の施設をキャンプ・シュワブ辺野古崎地区及びこれに隣接する水域に設置する意図を確認した。

普天間飛行場のできる限り速やかな返還を実現するために、閣僚は、代替の施設の位置、配置及び工法に関する専門家による検討を速やかに（いかなる場合でも2010年8月末日までに）完了させ、検証及び確認を次回のSCCまでに完了させることを決定した。

両政府は、代替の施設の環境影響評価手続及び建設が著しい遅延がなく完了できることを確保するような方法で、代替の施設を設置し、配置し、建設する意図を確認した。

閣僚は、沖縄の人々が、米軍のプレゼンスに関連して過重な負担を負っており、その懸念にこたえることの重要性を認識し、また、共有された同盟の責任のより衡平な分担が、同盟の持続的な発展に不可欠であることを認識した。上記の認識に基づき、閣僚は、代替の施設に係る進展に従い、次の分野における具体的な措置が速やかにとられるよう指示した。

訓練移転

両政府は、二国間及び単独の訓練を含め、米軍の活動の沖縄県外への移転を拡充することを決意した。この関連で、適切な施設が整備されることを条件として、徳之島の活用が検討される。日本本土の自衛隊の施設・区域も活用され得る。両政府は、また、グアム等日本国外への訓練の移転を検討することを決意した。

環境

環境保全に対する共有された責任の観点から、閣僚は、日米両国が我々の基地及び環境に対して、「緑の同盟」のアプローチをとる可能性について議論するように事務当局に指示した。「緑の同盟」に関する日米の協力により、日本国内及びグアムにおいて整備中の米国の基地に再生可能エネルギーの技術を導入する方法を、在日米軍駐留経費負担（HNS）の一構成要素とすることを含め、検討することになる。

閣僚は、環境関連事故の際の米軍施設・区域への合理的な立入り、返還前の環境調査のための米軍施設・区域への合理的な立入りを含む環境に関する合意を速やかに、かつ、真剣に検討することを、事務当局に指示した。

施設の共同使用

両政府は、二国間のより緊密な運用調整、相互運用性の改善及び地元とのより強固な関係に寄与するような米軍と自衛隊との間の施設の共同使用を拡大する機会を検討する意図を有する。

訓練区域

両政府は、ホテル・ホテル訓練区域の使用制限の一部解除を決定し、その他の措置についての協議を継続することを決意した。

グアム移転

両政府は、2009年2月17日のグアム協定に従い、ⅢMEFの要員約8000人及びその家族約9000人の沖縄からグアムへの移転が着実に実施されることを確認した。このグアムへの移転は、代替の施設の完成に向けての日本政府による具体的な進展にかかっている。米側は、地元の懸念に配慮しつつ、抑止力を含む地域の安全保障全般の文脈において、沖縄に残留するⅢＭＥＦの要員の部隊構成を検討する。

嘉手納以南の施設・区域の返還の促進

両政府は、嘉手納以南の施設・区域の返還が、「再編の実施のための日米ロードマップ」に従って着実に実施されることを確認した。加えて、両政府は、キャンプ瑞慶覧（キャンプ・フォスター）の「インダストリアル・コリドー」及び牧港補給地区（キャンプ・キンザー）の一部が早期返還における優先分野であることを決定した。

嘉手納の騒音軽減

両政府は、航空訓練移転プログラムの改善を含む沖縄県外における二国間及び単独の訓練の拡充、沖縄に関する特別行動委員会（ＳＡＣＯ）の最終報告の着実な実施等の措置を通じた、嘉手納における更なる騒音軽減への決意を確認した。

沖縄の自治体との意思疎通及び協力

両政府は、米軍のプレゼンスに関連する諸問題について、沖縄の自治体との意思疎通を強化する意図を確認した。両政府は、ＩＴイニシアチブ、文化交流、教育プログラム、研究パートナーシップ等の分野における協力を探究することを決意した。

安全保障協力を深化させるための努力の一部として、ＳＣＣの構成員たる閣僚は、地域の安全保障環境及び共通の戦略目標を推進するに当たっての日米同盟の役割に関する共通の理解を確保することの重要性を強調した。この目的のため、ＳＣＣの構成員たる閣僚は、現在進行中の両国間の安全保障に係る対話を強化することを決意した。この安全保障に係る対話においては、伝統的な安全保障上の脅威に取り組むとともに、新たな協力分野にも焦点を当てる。

5 共同発表：日米安全保障協議委員会（「２＋２」）〈仮訳〉

2012年4月27日

玄葉外務大臣
田中防衛大臣
クリントン国務長官
パネッタ国防長官

日米安全保障協議委員会（ＳＣＣ）は、在沖縄米海兵隊の兵力を含む、日本における米軍の堅固なプレゼンスに支えられた日米同盟が、日本を防衛し、アジア太平洋地域の平和、安全及び経済的繁栄を維持するために必要な抑止力と能力を引き続き提供することを再確認した。

ますます不確実となっているアジア太平洋地域の安全保障環境に鑑み、閣僚は、２０１１年６月21日のＳＣＣ共同発表に掲げる共通の戦略目標を進展させるとのコミットメントを強調した。また、閣僚は、その共同発表に沿って二国間の安全保障及び防衛協力を強化し、アジア太平洋地域の諸国への関与を強化するための方途を明らかにするとの意図を表明した。

日本国政府は、２０１２年１月に米国政府により国防省の新たな戦略指針が発表され、アジア太平洋地域に防衛上の優先度を移すとの米国の意図が示されたことを歓迎した。また、日本国政府は、同地域における外交的関与を推進しようとする米国の取組を歓迎した。

ＳＣＣは、両国間に共有されるパートナーシップの目標を達成するため、２００６年５月１日のＳＣＣ文書「再編の実施のための日米ロードマップ」（再編のロードマップ）に示された計画を調整することを決定した。閣僚は、これらの調整の一部として、第３海兵機動展開部隊（ⅢＭＥＦ）の要員の沖縄からグアムへの移転及びその結果として生ずる嘉手納飛行場以南の土地の返還の双方を、普天間飛行場の代替施設に関する進展から切り離すことを決定した。

閣僚は、これらの調整が、アジア太平洋地域において、地理的により分散し、運用面でより抗堪性があり、政治的により持続可能な米軍の態勢を実現するために必要であることを確認した。これらの調整は、抑止力を維持し、地元への米軍の影響を軽減するとの再編のロードマップの基本的な目標を変更するものではない。また、これらの調整は、米軍と自衛隊の相互運用性を強化し、戦略的な拠点としてのグアムの発展を促進するものである。

また、閣僚は、第I部に示す部隊構成が日米同盟の抑止力を強化するものであることを確認した。さらに、閣僚は、同盟の抑止力が、動的防衛力の発展及び南西諸島を含む地域における防衛態勢の強化といった日本の取組によって強化されることを強調した。また、閣僚は、適時かつ効果的な共同訓練、共同の警戒監視・偵察活動及び施設の共同使用を含む二国間の動的防衛協力が抑止力を強化することに留意した。

I．グアム及び沖縄における部隊構成

閣僚は、沖縄及びグアムにおける米海兵隊の部隊構成を調整するとの意図を表明した。再編のロードマップの後、在沖縄米海兵隊の兵力の定員が若干増加したことから、また、移転する部隊及び残留する部隊の運用能力を最大化するため、両政府は、グアム及び沖縄における米海兵隊の兵力の最終的な構成に関する一定の調整を決定した。米国は、地域における米海兵隊の兵力の前方プレゼンスを引き続き維持しつつ、地理的に分散された兵力態勢を構築するため、海兵空地任務部隊（MAGTF）を沖縄、グアム及びハワイに置くことを計画しており、ローテーションによるプレゼンスを豪州に構築する意図を有する。この見直された態勢により、より高い能力を有する米海兵隊のプレゼンスが各々の場所において確保され、抑止力が強化されるとともに、様々な緊急の事態に対して柔軟かつ迅

速な対応を行うことが可能となる。閣僚は、これらの措置が日本の防衛、そしてアジア太平洋地域全体の平和及び安定に寄与することを確認した。閣僚は、約9000人の米海兵隊の要員がその家族と共に沖縄から日本国外の場所に移転されることを確認した。沖縄に残留する米海兵隊の兵力は、第3海兵機動展開部隊司令部、第1海兵航空団司令部、第3海兵後方支援群司令部、第31海兵機動展開隊及び海兵隊太平洋基地の基地維持要員の他、必要な航空、陸上及び支援部隊から構成されることとなる。閣僚は、沖縄における米海兵隊の最終的なプレゼンスを再編のロードマップに示された水準に従ったものとするとのコミットメントを再確認した。米国政府は、日本国政府に対し、同盟に関するこれまでの協議の例により、沖縄における米海兵隊部隊の組織構成の変更を伝達することとなる。米国は、第3海兵機動展開旅団司令部、第4海兵連隊並びに第3海兵機動展開部隊の航空、陸上及び支援部隊の要素から構成される、機動的な米海兵隊のプレゼンスをグアムに構築するため作業を行っている。グアムには基地維持要員も設置される。グアムにおける米海兵隊の兵力の定員は、約5000人になる。これらの調整に関連し、米国政府は、日本国政府に対し、ローテーションによる米海兵隊のプレゼンスを豪州に構築しつつあり、また、ハワイにおける運用能力の強化のために米海兵隊の他の要員を同地に移転することを報告した。これらの移転を実施するに当たって、米国政府は、西太平洋地域において、同政府の現在の軍事的プレゼンスを維持し、軍事的な能力を強化するとの同政府のコミットメントを再確認した。沖縄における米軍のプレゼンスの長期的な持続可能性を強化するため、適切な受入施設が利用可能となる際に、前述の沖縄からの米海兵隊部隊の移転が実現する。沖縄の住民の強い希望を認識し、これらの移転は、そのプロセスを通じて運用能力を確保しつつ、可能な限り早急に完了させる。前述の海兵隊の要員のグアムへの移転に係る米国政府による暫定的な費用見積りは、米国の２０１２会計年度ドルで86億米ドルである。グアムにおける機動的な米海兵隊のプレゼンスの構築を促進するため、また、前述の部隊構成を考慮して、両政府は、日本の財政的コミットメントが、２００９年のグアム協定の第1条に規定された直接的な資金の提供となることを再確認した。両政府は、グアム移転のための日本による他の形態での財政支援は利用しないことを確認した。第II部に示す訓練場の整備のための日本からの貢献がある場合、これは、前述のコミットメントの一部となる。残りの費用及びあり得べき追加的な費用は、米国政府が負担する。２００９年のグアム協定の下で日本国政府から米国政府に対し既に移転された資金は、この日本による資金の提供の一部となる。両政府は、二国間で費用内訳を完成させる。両政府は、２００９年のグアム協定に鑑みてとるべき更なる措置についても協議する。閣僚は、これらのイニシアティブの計画上及び技術上の詳細に関して引き続き双方において立法府と協議することの重要性に留意した。

II．地域の平和、安定及び繁栄を促進するための新たなイニシアティブ

閣僚は、アジア太平洋地域における平和、安定及び繁栄の促進のために協力すること並びに効果的、効率的、創造的な協力を強化することが極めて重要であることを確認した。この文脈で、米国政府は、訓練や演習を通じてこの地域の同盟国及びパートナー国がその能力を構築することを引き続き支援する考えである。一方、日本国政府は、例えば沿岸国への巡視船の提供といった政府開発援助

（ＯＤＡ）の戦略的な活用を含むこの地域の安全の増進のための様々な措置をとる考えである。両政府は、戦略的な拠点としてグアムを発展させ、また、米軍のプレゼンスの地元への影響を軽減するため、変化する安全保障環境についての評価に基づき、地域における二国間の動的防衛協力を促進する新たな取組を探求する考えである。両政府は、グアム及び北マリアナ諸島連邦における自衛隊及び米軍が共同使用する施設としての訓練場の整備につき協力することを検討する。両政府は、２０１２年末までにこの点に関する具体的な協力分野を特定する。

Ⅲ．沖縄における基地の統合及び土地の返還

以下の６つの施設・区域の全面的又は部分的な返還について、再編のロードマップから変更はない。

・キャンプ瑞慶覧（キャンプ・フォスター）：部分返還及び残りの施設とインフラの可能な限りの統合。

・キャンプ桑江（キャンプ・レスター）：全面返還。

・普天間飛行場：全面返還。

・牧港補給地区（キャンプ・キンザー）：全面返還。

・那覇港湾施設：全面返還（浦添に建設される新たな施設（追加的な集積場を含む。）に移設）。

・陸軍貯油施設第１桑江タンク・ファーム：全面返還。

米国は、対象となっている米海兵隊の兵力が沖縄から移転し、また、沖縄の中で移転する部隊等の機関のための施設が使用可能となるに伴い、土地を返還することにコミットした。日本国政府は、残留する米海兵隊の部隊のための必要な住宅を含め、返還対象となる施設に所在し、沖縄に残留する部隊が必要とする全ての機能及び能力を米国政府と調整しつつ移設する責任に留意した。必要に応じて地元との調整が行われる。前述の施設・区域の土地は、可能になり次第返還される。沖縄に関する特別行動委員会（SACO）による移設・返還計画は、再評価が必要となる可能性がある。沖縄における米軍による影響をできる限り早期に軽減するため、両政府は、米軍により使用されている以下の区域が返還可能となることを確認した。

—閣僚は、以下の区域が、必要な手続の完了後に速やかに返還可能となることを確認した。

・キャンプ瑞慶覧（キャンプ・フォスター）の西普天間住宅地区
・牧港補給地区（キャンプ・キンザー）の北側進入路
・牧港補給地区の第5ゲート付近の区域
・キャンプ瑞慶覧の施設技術部地区内の倉庫地区の一部（他の場所での代替の倉庫の提供後）

—閣僚は、以下の区域が、沖縄において代替施設が提供され次第、返還可能となることを確認した。

・キャンプ桑江（キャンプ・レスター）
・キャンプ瑞慶覧のロウワー・プラザ住宅地区、喜舎場住宅地区の一部及びインダストリアル・コリドー
・牧港補給地区の倉庫地区の大半を含む部分

・那覇港湾施設
・陸軍貯油施設第1桑江タンク・ファーム
―閣僚は、以下の区域が、米海兵隊の兵力が沖縄から日本国外の場所に移転するに伴い、返還可能となることを確認した。
・キャンプ瑞慶覧の追加的な部分
・牧港補給地区の残余の部分
移設に係る措置の順序を含む沖縄に残る施設・区域に関する統合計画を、キャンプ瑞慶覧（キャンプ・フォスター）の最終的な在り方を決定することに特に焦点を当てつつ、2012年末までに共同で作成する。この取組においては、今般見直された部隊構成により必要とされるキャンプ瑞慶覧における土地の使用及び沖縄における施設の共同使用によって生じ得る影響についても検討する。閣僚は、施設の共同使用が再編のロードマップの重要な目標の一つであることに留意した。この統合計画はできる限り速やかに公表される。閣僚は、この統合計画を作成し、また監督するための、本国の適切な担当者も参加する作業部会の設置を歓迎した。

Ⅳ．普天間飛行場の代替施設及び普天間飛行場

閣僚は、運用上有効であり、政治的に実現可能であり、財政的に負担可能であって、戦略的に妥当であるとの基準を満たす方法で、普天間飛行場の移設に向けて引き続き取り組むことを決意する。閣僚は、キャンプ・シュワブ辺野古崎地区及びこれに隣接する水域に建設することが計画されている普天間飛行場の代替施設が、引き続き、これまでに特定された唯一の有効な解決策であるとの認識を再確認した。

閣僚は、同盟の能力を維持しつつ、普天間飛行場の固定化を避けるため、普天間飛行場の代替施設に係る課題をできる限り速やかに解決するとのコミットメントを確認した。

両政府は、普天間飛行場において、同飛行場の代替施設が完全に運用可能となるまでの安全な任務能力の保持、環境の保全等の目的のための必要な補修事業について、個々の案件に応じ、また、在日米軍駐留経費負担を含め、既存の二国間の取決めに従って、相互に貢献するとのコミットメントを表明した。個別の補修事業に関する二国間の協議は、再編案に関する協議のためのものとは別のチャネルを通じて行われ、初期の補修事業は2012年末までに特定される。

結び

閣僚は、この共同発表において緊密かつ有益な協力が具体化されたことを歓迎し、調整された再編のパッケージを双方において立法府と協議しつつ、速やかに実施するよう指示した。さらに、閣僚は、このパッケージがより深化し拡大する日米同盟の強固な基盤となるとの確信を表明した。閣僚は、普天間飛行場の代替施設の環境影響評価プロセスの進展、グアムへの航空機訓練移転計画の拡充、航空自衛隊航空総隊司令部の横田飛行場への移転、陸上自衛隊中央即応集団司令部のキャンプ座間への移転の進展を含む、2011年6月に行われた前回のSCC会合以降の再編案に関する多くの重要な進展に留意した。閣僚は、変化していく地域及び世界の安全保障環境の課題に対し、日米同盟を強化するために、再編に関する目標に向けて更なる進展を達成し、また、より広い観点から、日米同盟における役割・任務・能力（RMC）を検証する意図を表明した。

※傍線は筆者による。

6 日米安全保障協議委員会共同発表：より力強い同盟とより大きな責任の共有に向けて〈仮訳〉

2013年10月3日

岸田外務大臣
小野寺防衛大臣
ケリー国務長官
ヘーゲル国防長官

2013年10月3日、日米安全保障協議委員会（SCC）は、日本の外務大臣及び防衛大臣並びに米国の国務長官及び国防長官の出席を得て、東京で開催された。この歴史的な会合の機会に、SCCは、国際の平和と安全の維持のために両国が果たす不可欠な役割を再確認し、核及び通常戦力を含むあらゆる種類の米国の軍事力による日本の安全に対する同盟のコミットメントを再確認した。双方はまた、民主主義、法の支配、自由で開放的な市場及び人権の尊重という両国が共有する価値を反映し、アジア太平洋地域において平和、安全、安定及び経済的な繁栄を効果的に促進する戦略的な構想を明らかにした。

ＳＣＣ会合において、閣僚は、アジア太平洋地域において変化する安全保障環境について意見を交換し、日米同盟の能力を大きく向上させるためのいくつかの措置を決定した。より力強い同盟とより大きな責任の共有のための両国の戦略的な構想は、１９９７年の日米防衛協力のための指針の見直し、アジア太平洋地域及びこれを超えた地域における安全保障及び防衛協力の拡大、並びに在日米軍の再編を支える新たな措置の承認を基礎としていく。米国はまた、地域及び世界の平和と安全に対してより積極的に貢献するとの日本の決意を歓迎した。閣僚は、地域及び国際社会におけるパートナーとの多国間の協力の重要性を強調した。

米国は、アジア太平洋地域重視の取組を引き続き進めており、同盟が、宇宙及びサイバ空間といった新たな戦略的領域におけるものを含め、将来の世界及び地域の安全保障上の課題に対処することができるよう、軍事力を強化する意図を有する。閣僚は、在日米軍の再編が、米国のプレゼンスについて、抑止力を維持し、日本の防衛と地域の緊急事態への対処のための能力を提供し、同時に政治的に持続可能であり続けることを確保するものであることを強調した。この文脈で、閣僚は、普天間飛行場の代替施設（ＦＲＦ）の建設及び米海兵隊のグアムへの移転を含め、在日米軍の再編に関する合意を完遂するという継続的な共通のコミットメントを改めて表明し、これに関する進展を歓迎した。

（後略）

7 日米安全保障協議委員会共同発表
変化する安全保障環境のためのより力強い同盟
新たな日米防衛協力のための指針

2015年4月27日

岸田外務大臣
中谷防衛大臣
ケリー国務長官
カーター国防長官

1. 概観

2015年4月27日、ニューヨークにおいて、岸田文雄外務大臣、中谷元防衛大臣、ジョン・ケリー国務長官及びアシュトン・カーター国防長官は、日米安全保障協議委員会（SCC）を開催した。変化する安全保障環境に鑑み、閣僚は、日本の安全並びに国際の平和及び安全の維持に対する同盟のコミットメントを再確認した。

閣僚は、見直し後の新たな「日米防衛協力のための指針」（以下「指針」という。）の了承及び発出を公表した。この指針は、日米両国の役割及び任務を更新し、21世紀において新たに発生している安全保障上の課題に対処するための、よりバランスのとれた、より実効的な同盟を促進するものである。閣僚は、様々な地域の及びグローバルな課題、二国間の安全保障及び防衛協力を多様な分野において強化するためのイニシアティブ、地域協力の強化の推進並びに在日米軍の再編の前進について議論した。

2015年の米国国家安全保障戦略において明記されているとおり、米国はアジア太平洋地域へのリバランスを積極的に実施している。核及び通常戦力を含むあらゆる種類の米国の軍事力による、日本の防衛に対する米国の揺るぎないコミットメントがこの取組の中心にある。日本は、この地域における米国の関与を高く評価する。この文脈において、閣僚は、地域の平和、安全及び繁栄の推進における日米同盟の不可欠な役割を再確認した。

日本が国際協調主義に基づく「積極的平和主義」の政策を継続する中で、米国は、日本の最近の重要な成果を歓迎し、支持する。これらの成果には、切れ目のない安全保障法制の整備のための2014年7月1日の日本政府の閣議決定、国家安全保障会議の設置、防衛装備移転三原則、特定秘密保護法、サイバーセキュリティ基本法、新「宇宙基本計画」及び開発協力大綱が含まれる。

閣僚は、新たな指針並びに日米各国の安全保障及び防衛政策によって強化された日米同盟が、アジア太平洋地域の平和及び安全の礎として、また、より平和で安定した国際安全保障環境を推進するための基盤として役割を果たし続けることを確認した。

閣僚はまた、尖閣諸島が日本の施政の下にある領域であり、したがって日米安全保障条約第5条の下でのコミットメントの範囲に含まれること、及び同諸島に対する日本の施政を損なおうとするいかなる一方的な行動にも反対することを再確認した。

2. 新たな日米防衛協力のための指針

1978年11月27日に初めて了承され、1997年9月23日に見直しが行われた指針は、日米両国の役割及び任務並びに協力及び調整の在り方についての一般的な大枠及び政策的な方向性を示してきた。2013年10月3日に東京で開催されたSCCにおいて、閣僚は、変化する安全保障環境に関する見解を共有し、防衛協力小委員会（SDC）に対し、紛争を抑止し並びに平和及び安全を促進する上で同盟が引き続き不可欠な役割を果たすことを確保するため、1997年の指針の変更に関する勧告を作成するよう指示した。

本日、SCCは、SDCが勧告した新たな指針を了承した。これにより、2013年10月に閣僚から示された指針の見直しの目的が達成される。1997年の指針に代わる新たな指針は、日米両国の役割及び任務についての一般的な大枠及び政策的な方向性を更新するとともに、同盟を現代に適合したものとし、また、平時から緊急事態までのあらゆる段階における抑止力及び対処力を強化することで、より力強い同盟とより大きな責任の共有のための戦略的な構想を明らかにする。

(中略)

3．二国間の安全保障及び防衛協力

閣僚は、様々な分野における二国間の安全保障及び防衛協力を強化することによって同盟の抑止力及び対処力を強化するための現在も見られる進捗について、満足の意をもって留意する。閣僚は、

・最も現代的かつ高度な米国の能力を日本に配備することの戦略的重要性を確認した。当該配備は同盟の抑止力を強化し、日本及びアジア太平洋地域の安全に寄与する。この文脈において、閣僚は、米海軍によるP－8哨戒機の嘉手納飛行場への配備、米空軍によるグローバル・ホーク無人機の三沢飛行場へのローテーション展開、改良された輸送揚陸艦であるグリーン・ベイの配備及び2017年に米海兵隊F－35Bを日本に配備するとの米国の計画を歓迎した。さらに、閣僚は、2017年までに横須賀海軍施設にイージス艦を追加配備するとの米国の計画、及び本年後半に空母ジョージ・ワシントンをより高度な空母ロナルド・レーガンに交代させることを歓迎した。

(中略)

4．地域的及び国際的な協力

（中略）

5．在日米軍再編

閣僚は、在日米軍の再編の過程を通じて訓練能力を含む運用能力を確保しつつ、在日米軍の再編に係る既存の取決めを可能な限り速やかに実施することに対する日米両政府の継続的なコミットメントを再確認した。閣僚は、地元への米軍の影響を軽減しつつ、将来の課題及び脅威に効果的に対処するための能力を強化することで抑止力が強化される強固かつ柔軟な兵力態勢を維持することに対するコミットメントを強調した。この文脈で、閣僚は、普天間飛行場から岩国飛行場へのKC－130飛行隊の移駐を歓迎し、訓練場及び施設の整備等の取組を通じた、沖縄県外の場所への移転を含む、航空機訓練移転を継続することに対するコミットメントを確認した。

この取組の重要な要素として、閣僚は、普天間飛行場の代替施設（FRF）をキャンプ・シュワブ辺野古崎地区及びこれに隣接する水域に建設することが、運用上、政治上、財政上及び戦略上の懸念に対処し、普天間飛行場の継続的な使用を回避するための唯一の解決策であることを再確認した。閣僚は、この計画に対する日米両政府の揺るぎないコミットメントを再確認し、同計画の完了及び長期にわたり望まれてきた普天間飛行場の日本への返還を達成するとの強い決意を強調した。米国は、FRF建設事業の着実かつ継続的な進展を歓迎する。

閣僚はまた、2006年の「ロードマップ」及び2013年4月の統合計画に基づく嘉手納飛行場以南の土地の返還の重要性を再確認し、同計画の実施に引き続き取り組むとの日米両政府の決意を改めて表明し、2016年春までに同計画が更新されることを期待した。閣僚は、この計画に従ってこれまでに完了した土地の返還のうち最も重要な本年3月31日のキャンプ瑞慶覧西普天間住宅地区の計画どおりの返還を強調した。

閣僚は、日米両政府が、改正されたグアム協定に基づき、沖縄からグアムを含む日本国外の場所への米海兵隊の要員の移転を着実に実施していることを確認した。

閣僚は、環境保護のための協力を強化することへのコミットメントを再確認し、環境上の課題について更なる取組を行うことの重要性を確認した。この目的のため、閣僚は、環境の管理の分野における協力に関する補足協定についての進展を歓迎し、可能な限り迅速に同協定に付随する文書の交渉を継続する意図を確認した。

※傍線は筆者による。

おわりに

橋本晃和

「お互いのために――」

片言の日本語がオバマ大統領の口から洩れた。続いて「……この言葉（「お互いのために」）は、日米間の同盟関係の本質だ」（２０１５年4月28日、安倍晋三首相とバラク・オバマ大統領の共同記者会見）と18年ぶりの「日米防衛協力の指針（ガイドライン）」の改定で述べた。アジア・太平洋地域でのリバランス政策を進める米国にとっても、米国と共に「積極的平和主義」（Proactive Contribution to Peace）に基づく安全保障政策を実現したい安倍政権にとっても、今回のガイドラインや日米安全保障協議委員会（2＋2）の共同発表の目的は、利害が一致し、まさに「お互いのために（With and for each other）」というわけだ。まさに本稿の主命題のキーワード、「関係」が大統領の口から発せられたのである。

このひと言を沖縄の人《ウチナンチュー》―本土の人《ヤマトゥンチュ》「関係」に当てはめればどうなるか。

「お互いのために」なっているだろうか。本稿の「かみ合わぬ『関係』の構図」（3章3節、

114頁）で述べた通り、「……この言葉は、本土・沖縄の同盟関係の本質」でなければならないのにである。いつになったら、「お互いのために」認め合うことができるようになるのであろうか。ここで一度ペンをおいて読者のご批判を仰ぎたいと思う（2015年6月1日）。

本書を出版するにあたって、少なくとも3人の方々との「出会い」があった。仲井眞弘多氏、南直哉氏、故堤清二氏である。

「沖縄の視点に立って、日米安全保障を論じる日米有識者会議を作らないか」（仲井眞弘多氏（2002年12月当時沖縄電力社長）。

氏のこの一言がその後の私の人生を変えた。早速、畏友《いゆう》マイク・モチヅキ氏と高良倉吉氏にもちかけ「沖縄クエスチョン日米行動委員会」をたち上げた（2003年春）。

仲井眞氏との「出会い」があって30年、公私にわたって薫陶《くんとう》を受けた。基地勉強においても、海から空から、ある時はマイク・モチヅキ氏とある時はマイケル・オハンロン氏と一緒に。陸からは、政策研究大学院大学に奉職の時代に文部科学省、外務省、防衛省の協力を得て、海外留学生の学生と共に何度も、嘉手納基地、普天間飛行場などを見学し、歴代の米国沖縄総領事をはじめ、基地関連の方々とも意見交換を重ねた。

仲井眞氏との「出会い」なしには、本書は出版できなかったことを思うと氏に感謝の気持ちで一杯である。「普天間」の方向が最後になって異なることになったのは誠に残念としか言いようがない。

この間、変わらぬ気持ちで啓蒙し続けてくれたのは、南直哉僧侶（当時福井市霊泉寺／現恐山菩提寺院代）である。私の40代の半ばに、禅宗、曹洞宗総本山永平寺（吉祥閣）で参禅の指導を受けて初めて「出会い」、福井市の自坊で泊りがけで禅仏教哲理のマンツーマン指導を何度も受けた。沖縄返還交渉の中で、佐藤栄作首相下（当時）の核持ち込み密約で苦悩する故若泉敬氏（京都産業大学）の相談相手であったと聞く。本書の執筆にあたっても禅仏教について、何度かマンツーマンの直接指導を受けた。しかし、本書においてその内容の理解に未熟な点があるとすれば、すべて筆者が責任を負うべきであることは言うまでもない。

「解決のカギを握る五つの現実（5カ条）」（第5章「1．「辺野古移設」は唯一の解決策か？」参照）の内容に、最後まで激励を込めて賛同し続けてくれた方が、故堤清二（辻井喬）氏である。今は、湘南の海に向かって天空にもっとも近い場所の片隅に眠っておられる。20代後半の大学院生時代に下田の日米民間会議で「出会い」をいただいて以来、最後までわがままな私の人生相談のお相手をしてくださった御恩は筆舌に尽くし難い。

三氏の他にも学部時代にゼミ生として「出会い」、以後半世紀にわたってご指導を受けた学問の師匠、故加藤寛先生（慶應義塾大学）をはじめ、多くの方々のお世話になった。

教わったことは、沖縄（基地）はどうあるべきかということは、日本がどうあるべきかという「問」が問われていることだということである。この「問」（Question）を本論で「沖縄クエスチョン」と名づけたのである。

名づけ親は誰か。南直哉院代とマイク・モチヅキ氏である。「問」という用語は直哉禅が道元禅仏教を語る基本的必須用語であり、私たちのプロジェクトタイトルを「沖縄クエスチョン」と命名したのはマイク・モチヅキ氏である。

命名の奇しき一致は、偶然とはいえ、私にとっては運命のようなものを感じる。あらためてマイク・モチヅキ氏が私との共著に同意してくれたことに心から感謝する次第である。

マイク・モチヅキ氏との初めての出会いは1993年にまでさかのぼる。当時、お互いにロサンゼルスで生活をしていたのである。以来、公私にわたってご交誼をいただき、学問的薫陶を受けてきた。畏友高良倉吉氏と同様、彼なくしては今日までプロジェクト「沖縄クエスチョン」の展開はありえなかった。

この道筋、アプローチを示すことによって、初めて「普天間」を終わらせる道筋・アプローチが見えてくると思われる。

では、日本政府が今なすべき道筋・アプローチとは何か。まず第一に、本論で述べた「共感」の意識を本土の人々に抱いてもらうことである（「第1ステップ　今なすべきは目に見える処方箋」の項、191頁を参照)。46都道府県のそれぞれの地域に住む人々がどれだけ沖縄に対する「共感」の意識を持てるか。このことが沖縄と歴史を共有してこなかった(「歴史の非共有」)本土がどのようにして沖縄と歴史を共有(「歴史の共有」)していくか、その道筋・アプローチが問われている。

沖縄県民はこのことを「問」うている。なぜ、本土の人は黙っているのか、「本土の人は『沖縄だけ苦しめばいい』とは思わないで」(沖縄県豊見城《とみぐすく》市在住77歳の男性、9月20日辺野古移設に抗議する反対集会で『朝日新聞』朝刊2014年9月21日)と訴えた。この訴えが不調に終わるとどうなるか。再び「歴史の非共有」の時代がやってくる。即ち、ウチナーンチュ(沖縄人)は琉球人としてのアイデンティティを全面に押し出してくることも考えられる。このことは独立王国への方向に歩むことを意味するが、現実的には相当の無理があるだろう。

一方、ヤマトゥンチュ(本土人)のほうはどうか。「共感」すれど「コミットメント」せず(アマルティア・セン(Amartya Sen))でいくのであろうか。沖縄人であろうと、日本人であろうとアイデンティティは複数あってもおかしくないし、本来は選択の問題であると南直哉院代、アマルティア・セン教授はともに同じ主旨のことを述べているのは意味深い。辺野古埋立てに関する対立の構図が続いて、今後ウチナーンチュの意識はどのように変化するであろうか。お互いに歩み寄って折り合う「関係」の構築が望まれる。本書の処方箋が「沖縄ソリューション」（Okinawa Solution）への一助となれば私の望外の喜びである。

本稿は、読んでいただければわかるように、「今なすべきは目に見える処方箋」としての道筋・アプローチに重点を置いている。ロードマップ案（「橋本プロポーザル」の後半）はその後の個人的提言である。この現実的処方箋も沖縄の人から見れば、不満を覚えご叱責をいただくだろう。基地の全面撤去派から見れば、基地が大きく縮小されて普天間飛行場の運用停止後もローテーション方式で非常時には嘉手納基地と、キャンプ・シュワブで海兵隊の固定翼機や回転翼機が運用される案と見なされるからである。一方、辺野古基地の推進派からも当然反対されるであろう。本書は、沖縄の両派から批判されることを覚悟の上で出版された。

筆者はどう転んでもウチナーンチュ（沖縄の人）になりえないのである。だからこそ、この本書が、筆者の出身と同じ本土の人に一人でも多く読んでいただき、「覚醒」の一助となることを祈っている。

最後になったが、日頃からお世話になっている桜美林学園の佐藤東洋士理事長と紀伊国屋書店の高井昌史代表取締役社長の温かいご理解があって、この出版にこぎつけることができた。さらに、「沖縄クエスチョン日米行動委員会」がスタートして以来、ずっと手助けをしてくれている上江洲豪部長（一般財団法人南西地域産業活性化センター）、こなれた日本語文章に翻訳していただいた沢崎冬日氏（株式会社エァクレーレン）と私の研究室秘書の江原亜季氏の懸命なるご助力・ご協力なしには出版はできなかった。心から感謝を申し上げる次第である。

平成27年6月　桜美林大学大学院四谷キャンパス研究室にて

著者紹介

橋本晃和（はしもと・あきかず）

現在、桜美林大学大学院特任教授、元政策研究大学院大学教授（1997―2007）。一般財団法人地球共生ゆいまーる理事長。慶応義塾大学経済学部卒、同大学院政治学科博士課程修了。同大学より博士（法学）を取得。1993―94年南カリフォルニア大学Visiting Scholar。専門は、計量政治学、意識調査論。民意の分析や投票行動についての多数の著書がある。無党派層研究の第一人者。1975年「支持政党なし」を出版し、無党派層研究のパイオニアとなった。民意の役割を分析する様々な調査研究に係わる学際的なプロジェクトを行っている。

主要著書：『支持政党なし――崩れゆく〝政党〟神話』（日本経済新聞社、1975年）、『民意政治学――「五五年体制」後への道程』（勁草書房、1995年）、『民意の主役 無党派層の研究』（中央公論新社、2004年）、（本書において2004年の時点で2009年に「政権交代」が起きることを的確に予知している）、『〈橋本晃和博士退官記念論文〉21世紀パラダイムシフト――日本のこころとかたちの検証と創造』（冬至書房、2007年）、『「普天間」を終わらせるために』（桜美林学園出版部、2014年） 沖縄に関する著作は「＊」を参照。

マイク・モチヅキ（Mike Mochizuki）

ジョージ・ワシントン大学教授。ハーバード大学にて博士号取得。専門は日本政治および外交政策、日米関係、東アジア安全保障。南カリフォルニア大学及びイェール大学で教鞭をとり、ブルッキングス研究所シニア・フェロー、ランド研究所アジア太平洋政策センター共同部長などを歴任。2001年から2005年、ジョージ・ワシントン大学エリオットスクール（国際関係学）のAsian Studies（アジア学）のためのガストン・シーガル記念センター所長、2010年から2015年まで同大学エリオットスクールの副学部長を歴任し、現在は同センター日米関係部長を務め、また同センターの「アジア太平洋における 記憶と和解」研究・政策プロジェクトの共同責任者も務める。

主な著作：Japan in International Politics: The Foreign Policies of an Adaptive State (co-editor and author, 2007) ／ Crisis on the Korean Peninsula: How to Deal with a Nuclear North Korea (co-author, 2003) 他多数 沖縄に関する著作は「＊」を参照。

特別寄稿　**高良倉吉**（たから・くらよし）

1947年、沖縄県伊是名島生まれ。愛知教育大学卒。九州大学で博士（文学）の学位を取得。沖縄史料編集所専門員、沖縄県立博物館主査、浦添市立図書館長を経て19年間、琉球大学で琉球史担当の教授。首里城復元プロジェクトの歴史考証やNHK大河ドラマ「琉球の風」の時代考証を担当。国際交流基金より国際交流奨励賞・日本研究賞を受賞。2013年4月から2014年12月まで沖縄県副知事。

主な著書：『琉球の時代――大いなる歴史像を求めて』（筑摩書房、2012年）、『琉球王国の構造』（吉川弘文館、1987年）、『琉球王国』（岩波新書、1993年）、『アジアのなかの琉球王国』（吉川弘文館、1998年）などがある。他に、プロジェクト「沖縄クエスチョン」における著作（「＊」を参照）がある。

＊プロジェクト「沖縄クエスチョン」（2003～2013）における著作物

いずれも橋本晃和、マイク・モチヅキ、高良倉吉による編著

“The Okinawa Question and the U.S.-Japan Alliance”（NIAC, G.W. University）（『沖縄クエスチョン2004』英語版）

『〈沖縄クエスチョン2006〉中台関係・日米同盟・沖縄――その現実的課題を問う』（冬至書房、2007年）（英語版 . NIAC, G.W. University）

『〈沖縄クエスチョン2009〉日米中トライアングルと沖縄クエスチョン――安全保障と歴史認識の共有に向けて』（冬至書房、2010年）

“The Okinawa Question: Futenma, the U.S.-Japan Alliance and Regional Security”（NIAC, G.W. University, 2013）（『〈沖縄クエスチョン2011〉普天間、日米同盟と地域安全保障』英語版）

沖縄ソリューション
「普天間」を終わらせるために

2015年7月10日　初版第1刷発行

著　者…………橋本晃和／マイク・モチヅキ
（特別寄稿　高良倉吉）

発行所…………桜美林学園出版部
〒194-0294　東京都町田市常盤町3758
Tel: 042-797-4832

発売所…………株式会社はる書房
〒101-0051　東京都千代田区神田神保町1-44 駿河台ビル
Tel: 03-3293-8549
Fax: 03-3293-8558
郵便振替 00110-6-33327

組　版…………エディマン
作　図…………樋口潤一（放牧舎）
装　幀…………日戸秀樹

印刷・製本　中央精版印刷

ISBN978-4-905007-04-3 C0036

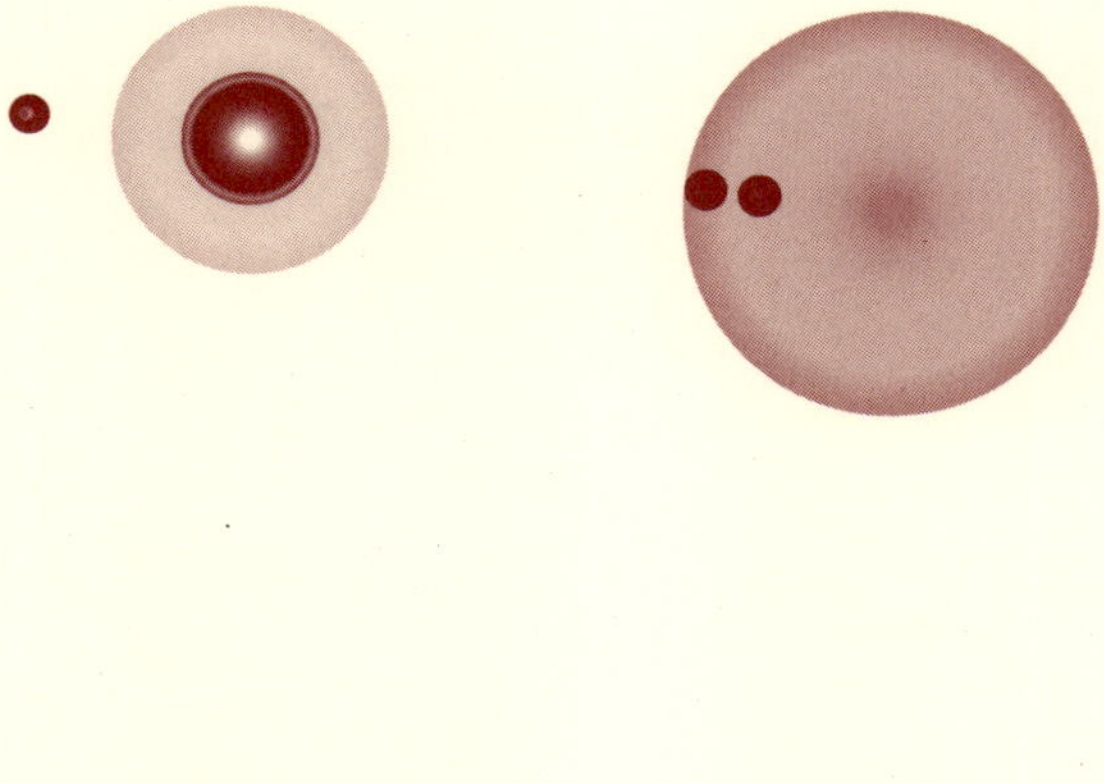